环境绩效评估与审计系列丛书

环境绩效评估理论与方法

曹国志　赵学涛　李万新　杨威杉　编著

中国环境出版社·北京

图书在版编目（CIP）数据

环境绩效评估理论与方法/曹国志等编著．—北京：中国环境出版社，2015.11

（环境绩效评估与审计系列丛书）

ISBN 978-7-5111-2606-1

Ⅰ.①环… Ⅱ.①曹… Ⅲ.①环境管理—企业绩效—评估—研究 Ⅳ.①X322.02

中国版本图书馆 CIP 数据核字（2015）第 258624 号

出 版 人 王新程
责任编辑 李卫民
责任校对 尹 芳
封面设计 岳 帅

出版发行 中国环境出版社
（100062 北京市东城区广渠门内大街 16 号）
网 址：http：//www.cesp.com.cn
电子邮箱：bjgl@cesp.com.cn
联系电话：010-67112765（编辑管理部）
010-67112735（环评与监察图书出版中心）
发行热线：010-67125803，010-67113405（传真）

印 刷 北京市联华印刷厂
经 销 各地新华书店
版 次 2015 年 11 月第 1 版
印 次 2015 年 11 月第 1 次印刷
开 本 787×1092 1/16
印 张 13.75
字 数 222 千字
定 价 40.00 元

《环境绩效评估与审计系列丛书》

编委会

丛书序

我国的环境管理正面临日趋严峻的挑战，进入“十二五”以来，雾霾天气、地下水污染、饮用水水源污染、土壤污染等环境问题频繁发生，群众反映强烈，社会极其关注，因环境问题引发的群体性事件呈明显上升趋势，环境保护已经成为我国经济社会发展过程中面临的一个突出矛盾。应该说，党和政府高度重视环境保护，把环境保护定为基本国策。在执政理念方面，将环境保护摆在十分重要的位置上，先后提出了可持续发展、科学发展的要求，十八大又上升为生态文明；在管理依据方面，建立了较为完备的环境保护政策、法规和标准体系；在管理部门方面，中央政府将环境保护行政主管部门升格为环境保护部，加大了对环境保护的统筹协调力度。但是，为什么中央的决策和法规依然不能得到很好地落实？目前的环境形势依然严峻？为什么现实中仍会出现环境保护各项政策措施集体“失灵”呢？这里有几个方面的驱动力：一是当前地方政府绩效考核体系仍然以 GDP 为主；二是地方政府本就有增加本级财政收入的内在需求；三是环境影响本就具有外部性与滞后性的特征。所以，没有自上而下的强有力的调控纠偏措施，难以有效遏制地方政府基于本地利益需求的盲目发展冲动。因此，扭转经济社会发展中“唯 GDP”的错误发展理念，强化各项环境保护政策和措施的实施效果，关键是要建立一套科学的绩效管理制度，全面鉴证和落实各类主体的环境保护责任。正如习近平主席所言：“只有实行最严格的制度、最严密的法治，才能为生态文明建设提供可靠保障。要建立责任追究制度，对那些不顾生态环境盲目决策、造成严重后果的人，必须追究其责任，而且应该终身追究。”

鉴于此，解决环境问题，关键是要通过制度创新，将资源消耗、环境损害和生态效益等纳入目前的经济社会发展评价体系，建立一种自上而下的强有力的调控纠偏措施，有效遏制地方政府基于本地利益需求的盲目发展冲动。从国际实践来看，普遍是通过建立环境绩效评价和绩效审计制度来确保各类责任主体生态环境保护责任的落实。党的十八大提出要将资源消耗、环境损害、生态效益等纳入现行的经济社会发展评价体系，建立体现生态文明要求的目标体系、考核办法、奖惩机制。党的十八届三中全会又进一步提出了建立系统完整的生态文明制度体系，对领导干部实行自然资源资产离任审计，建立生态环境损害责任终身追究制的最新要求。这些要求的根本目的就是通过制度创新，建立一整套反映资源消耗、环境损害和生态效益的绩效考核评价体系，以推动各级政府和党政领导干部发展观念转型，进而推动中国的经济社会发展转型，实现中华民族永续发展。

国际社会早在20世纪七八十年代就开始了环境绩效评估和环境审计探索，迄今为止，两者已经发展成为一种成熟有效的绩效管理工具并在各个国家得到应用。前者如经济合作与发展组织（OECD）国家定期开展的环境绩效评估，从1993年开始，截至目前已经开展了3轮。美国、荷兰、加拿大等发达国家均已建立了环境审计制度，并将其作为监督政府履责成效的重要工具，由具备高度独立性的机构实施，充分发挥了审计监督作用，有力推动了相关国家的可持续发展。我国尽管开展上述两项工作的研究较早，但截至目前，两项制度建设仍处于探索和试点阶段，尚未形成一整套操作规范、技术指南和管理规定。从实施层面来看，在上述领域我国仍面临下述挑战：

一是立法层面缺乏上位法规范，目前实施的《环境保护法》《审计法》等法律均没有对开展绩效评估和环境审计做出明确要求，两项制度的实施缺乏法律依据。

二是在体制机制层面，环境绩效评估和环境审计两项制度实施均涉及不同的部门，发展改革委、国土、农业、水利、林业等部门均负有环境保护责任，绩效评估和审计首先面临的问题是如何明确各部门责任，目前无论是在立法还是操作上，均没有对各部门责任进行明确划分，造成评估和审计结果无法追责，两项制度的权威性自然无法体现。从环境审计实施来看，审计部门的经济责任审计和环境履责审计没有完全区分，环境责任审计工作目前尚属空白。在实施主体、运行机制尚未明确的情况下开展两项工作显然是纸上画饼。

三是在理论和技术层面，目前尚未形成一套能够支撑上述两项制度实施的技术指南和操作规程。目前已经开展的工作大部分局限于某一具体的领域、行业或者区域，缺乏统合，无法对在全国建立这样一套绩效管理制度形成有效支撑。同时，由于绩效评估和环境审计的操作性强，具体实施中涉及的知识结构复杂，需要跨学科、跨行业和跨部门的专家参与。

四是实践层面，尽管我国在绩效评估方面已经开展了一些试点，如2007年中国参加了OECD绩效评估工作，对中国“十一五”期间的环境绩效进行了评估，但该项评估完成后，环境保护部门停止了进一步的试点工作。此后相关的绩效评估均由高校或研究机构开展，试点工作比较分散，难以形成全国经验，无法对管理制度的形成提供强力支撑。

环境保护部环境规划院从2006年以来一直开展与环境绩效评估有关的工作，先后参加了OECD环境绩效评估、亚洲开发银行大湄公河流域绩效评估、美国耶鲁大学和哥伦比亚大学环境绩效指数研究、亚洲开发银行宜居城市指标体系研究、上市公司环境绩效评估等项目，建立了绩效评估方法体系并将之用于国家、省级、城市和行业的绩效评估工作，在绩效评估理论方法探索及试点实践方面有一定积累。从环境审计的角度而言，环境规划院依托环境经济核算工作开展，先后开展了环境会计核算指南编制及试点、环境审计评价指标体系的建立与应用、政府环境审计制度框架研究等。本套丛书是以探索建立我国环境绩效管理制度为目标，选取环境绩效评估和环境审计两大领域的研究成果汇集而成。丛书从理论、方法、实践三个方面对绩效评估和环境审计相关的知识进行了梳理，希望能够为开展相关研究的同仁提供参考。

本丛书的主要结论是研究单位根据相关分析得出，不代表管理部门的意见。编委会会持续开展环境绩效管理和环境审计相关研究，相关成果也会以出版物或研究报告的方式向社会公布，由于成书仓促，疏漏之处敬请批评指正。

丛书编委会

2015 年 10 月

前　言

当前，我国的环境保护工作既面临着巨大压力，也迎来了难得的历史机遇。“十二五”以来，雾霾天气、地下水污染、饮用水水源污染、土壤污染等环境问题频繁发生，危及人体健康和生态系统安全，引起了党中央、国务院的高度重视和全社会的广泛关注。党中央、国务院为加强生态环境保护工作作出了一系列重大部署，对环境保护提出了新的更高的要求。党的“十八大”将生态文明建设纳入中国特色社会主义事业“五位一体”总体布局，把环境保护和绿色发展摆到更加突出的位置。习近平总书记反复强调生态环境保护的极端重要性，指出“绿水青山就是金山银山”，“保护生态环境就是保护生产力，改善生态环境就是发展生产力”。李克强总理、张高丽副总理也多次就加强生态环境保护作出重要指示。落实党中央、国务院有关生态环境保护的战略部署和要求，关键是要建立一套行之有效的环境治理制度，推动环境质量得到切实和全面改善。

环境绩效评估作为一种环境管理制度，在环境保护工作中已经得到充分的应用，国家环境保护模范城市创建、城市环境综合整治定量考核、全国生态文明示范城市建设等一系列活动，以及围绕环境目标开展的规划评估、总量核查等均是绩效评估制度在环境保护领域应用的具体体现。这些制度的实施客观上在推动全国污染治理和环境质量改善方面起到了一定作用，但是并不能从根本上改善环境质量。这既与我国累积性污染规模庞大、环境容量和生态承载力破坏严重有关，也与绩效考核制度本身有关。从国家层面的绩效考核制度来看，其考核内容没有充分体现生态环境保护的内容，导致生态环境保护在经济社会发展过程中没有得到重视，出现了以牺牲资源环境换取经济增长的状况。从环保系统内部的绩效考核制度看，其考核内容偏重于生态建设和部分污染物排放，而没有从环境质量改善的角度进行全面考量，造成目前生态环境保护成效与环境质量改善脱钩。党的

"十八大"提出要将资源消耗、环境损害、生态效益等纳入现行的经济社会发展评价体系，建立体现生态文明要求的目标体系、考核办法、奖惩机制，事实上就是要改变这一现状，从宏观上纠正部分党政领导干部错误的发展理念。就环保部门而言，关键是改革完善现有的绩效考核制度，从保障环境质量、防范环境风险和保护人体健康的角度统一规划和设计绩效考核制度，不能再沿用过去那种缺乏总体目标指标分解的碎片化考核模式，避免行政和社会资源的浪费。

本书是环境绩效评估与审计系列丛书之一。全书从基本定义、基本方法和国内外案例入手，系统分析了有关环境绩效评估的理念、理论与方法，主要目的是介绍有关环境绩效评估的基本内容和基本方法，而就环境保护领域如何进一步深化应用绩效评估这一制度，本书没有开展更深入的研究。丛书中《环境绩效审计理论与方法》将会着重探讨如何建立基于环境质量的绩效审计体系。

本书自 2008 年开始酝酿，其时也正是国内绩效评估事业蒸蒸日上之时，但由于种种原因，成稿时并未付诸出版。本次正式出版对上一稿的部分内容，尤其是国际案例部分进行了更新，并增加了两个国内实例，一个是城市层面，从黄石市环保局主持开展的黄石市"十一五"减排绩效评估研究报告中摘选，主要编写者为杨敏、汪翰、张家泉、胡馨月、魏国、江天；一个是行业层面，从临沂市环保局主持开展的临沂市造纸行业减排绩效分析报告中摘选，主要编写者为李立新、张兰杰、任磊和孙振磊。环境保护部污染物排放总量控制司于飞副司长、毛玉如处长在相关报告编写中给予了指导和帮助，国家发改委国家应对气候变化战略研究和国际合作中心曹颖博士在本书早期编写过程中给予了大力支持，在此一并致以谢意。

编著者

2015 年 11 月 20 日

目　录

第1章

环境绩效评估概述

1.1 环境绩效

什么是绩效？所谓绩效，包含成绩和效果两个方面的内容（曹颖、曹东，2010）。不同学科有关“绩效”定义的侧重点不同（牛成喆、李秀芬，2005）。管理学中，“绩效”是组织期望的结果，绩效有组织绩效和个人绩效之分（王淑红、龙立荣，2002）。从经济学角度来看，“绩效”与薪酬是员工和组织之间的对等承诺。而从社会学角度出发，“绩效”是指社会成员根据其社会角色所承担的社会责任，每个成员的绩效保障他人的生存权利，而自己的生存权利又通过他人的绩效得以保障（牛成喆、李秀芬，2005）。总之，绩效既是一种行为，也是一种结果（杨娜，2012）。

近年来，随着环境问题的日益凸显和环境意识的不断增强，“环境绩效”的概念逐渐引起人们的重视。从字面理解，所谓环境绩效即是环境领域相关的行为、管理和其他活动的成绩和效果。早在1993年，英国会计学家Gray从环境信息披露的角度定义了环境绩效，认为环境绩效包括企业环境政策、环境计划和结构框架、环境财务、环境活动和可持续发展五个方面（杨娜，2012；Gray，1993）。2002年Corbett等提出，环境绩效是环境管理所取得的成效（Corbett，2002）。ISO 14001体系规定环境绩效是“组织对其环境因素进行管理所取得的可测量结果”。

企业环境绩效是指企业在涉及环境问题处理和相关管理活动过程中取得的成

绩和效果（吴立群、王恩山，2005；胡嵩，2006；谢东明，2012；乔引华等，2006；杨东宁、周长辉，2004）。政府环境绩效是指政府履行环境管理职能所产生的绩效，是政府为保护环境、维护环境公共利益，在特定资源环境条件或背景下的投入、管理、产出和效果（黄爱宝，2010）。从环境战略角度来看，环境绩效是指特定管理对象或者区域由于环境管理活动所产生的环境成绩、效果和水平，包括为环境状况概述所投入的成本因素，体现的是环境效率的概念（曹颖、曹东，2010）。

1.2 环境绩效评估

“绩效评估”的思想最初源于20世纪。人类进入工业社会后，管理科学的形成和发展导致了规范化考核的出现，绩效评估的雏形渐成（牛成喆、李秀芬，2005）。20世纪70年代后期，行为科学理论有了较大发展，在绩效评估的基础上发展出绩效管理等理念；80年代之后，以人力资源管理为主的绩效管理过程逐渐被广泛认可（张双，2007；仲理峰、时勘，2002；徐双敏，2003）。随着管理科学的发展，现代管理理论、系统控制理论的引入完善了以绩效评估为主体的现代绩效管理理论体系。

环境绩效评估是目前环境保护领域进行环境管理活动的一种新模式，是针对环境绩效进行评估和管理的系统过程。企业环境绩效评估包括企业为取得良好环境业绩而在生态补偿、循环经济、清洁生产、成本管理和信息披露等多方面采取有效方法和措施提升环境管理水平的过程（谢东明，2012）。政府环境绩效评估强调将绩效管理的理念渗透到政府环境管理职能当中，是由战略管理、项目管理和个人绩效管理等管理模块共同组成的有机系统（曹国志等，2010）。

环境绩效评估是环境绩效管理的一种工具，它是按照预先设定的评估指标和标准，针对被评估对象在一定时期内的环境相关工作和活动进行考察、评定，给出反映被评估对象真实环境绩效水平的状况和信息，为后期绩效提升与改进活动提供支持和帮助是开展环境绩效评估的最终目的。简言之，利用适当的指标对环境绩效进行测量与评估即为环境绩效评估（曹东等，2008）。环境绩效评估是环境绩效管理过程中不可或缺的部分，是开展环境绩效管理工作的前提和基础，具有承上启下的重要作用（曹国志等，2010）。

1.3 环境绩效评估的作用

1.3.1 与现存环境风险相比，提高资源配置效率

环境资源有限，配置效率较低。随着社会经济的发展，环境压力越来越大，推进资源管理体制改革和资源环境价格改革迫在眉睫。定期开展的环境绩效评估不仅能够了解评估对象对于环境资源的当前使用情况，而且可以根据趋势预测未来的资源需求。环境绩效评估的结果为资源定价及配置合理化提供了基础信息，决策者据此对环境资源配置情况做出相应调整，提高资源配置效率，实现社会经济环境效益的最大化。

环境风险分布不平均，绩效评估是风险管理的有效手段。环境绩效评估能够系统地反映被评估对象环境绩效的相关信息。当前我国仍然面临结构性和布局性环境风险凸显、风险防控综合管理技术体系尚未构建等现实问题，针对不同地区政府的环境管理活动进行考察、评估，有助于识别当地环境管理及风险防控问题，为区域性风险管理活动提供参考信息。针对企业的环境绩效评估结果，对于企业生产经营、环境管理过程也存在积极意义，参与环境绩效评估的企业，在评估过程中展开考察和评估活动能够为企业环境风险识别和管理提供契机，提升企业环境绩效管理和风险管理的整体水平。

中国环境绩效的资源有效性尚待提升。随着人口总量的持续增长，工业化、城镇化的快速推进，能源和资源消费量节节攀升，经济增长的环境约束日趋强化，提升资源利用的有效性，促进资源与社会、经济、环境的可持续发展成为我国长时间内面临的一项艰巨任务。环境绩效评估不仅仅评估环境管理及相关工作的结果，对环境管理的过程也进行相应评价和考察。资源有效性评估是环境绩效评估的重要内容，通过对被评估对象的环境政策、环境活动和可持续发展等多方面信息的考察和评价，能够获得被评估对象资源有效性的相关信息，依据资源有效性的评估结果，对被评估对象的环境绩效作出综合考虑，有助于从整体和宏观

角度把握环境政策、资源配置和结构体制的合理性，提升环境资源有效性。

1.3.2 与最优实践相比，取长补短，促进学习

环境绩效与环境管理的过程密不可分。环境绩效是环境管理的过程和结果，是环境管理活动的最终目的；环境管理是环境绩效的实现模式，是环境绩效提升的重要途径。环境绩效评估理念最初源于环境管理过程的需要，通过对环境管理全过程的考察和评价，反思环境管理实践中存在的问题，找出解决方案并给出相应的提升环境管理水平的建议是环境管理的基本过程。环境绩效评估是环境管理最终目标实现的一种手段。通过区域和企业环境绩效评估活动，引导地区及行业产业结构优化，整顿、关闭不符合国家环境政策的污染型和资源消耗型企业，提高区域和行业企业的整体环境绩效。

环境问题多变且充满不确定性，制度创新和政策学习成为必需。随着环境管理认识水平的提高，区域、政府及企业层面的环境绩效管理实践活动逐渐活跃起来。近年来，有关环境绩效评估和环境绩效管理理论的研究层出不穷，不同国家和地区面临的环境问题亦不尽相同。针对不同区域的环境特点，结合本地区环境管理的实际需要，开发符合本地区环境现状的绩效评估指标体系、构建相应的绩效评估理论与方法成为各国环境管理者需要解决的关键问题。对于国内外环境绩效评估制度的梳理、经验的总结是开展我国环境绩效评估、绩效管理的前提，国家和区域层面的绩效评估有助于提高政策和制度层面对先进经验的学习和梳理工作，为今后我国的环境绩效管理实践提供更多的理论参考和现实依据。

提高中国环境质量改善的制度有效性。发达国家的发展经验告诉我们，不能走以牺牲环境为代价、先污染后治理的老路，坚持在保护中发展、在发展中保护的可持续发展之路是我国经济社会和环境发展的必由之路。改善环境质量是环境保护工作的出发点和落脚点，通过区域层面的环境绩效评估活动，对地区环境质量、环境保护工作进行持续监测，评价和分析国家和区域层面环境政策、环境制度的有效性，有助于集中力量解决重点区域的环境问题，为区域性环境政策制定和制度改革提供积极帮助。

1.3.3　与既定目标相比，发现差距，为持续改进提供指导

环保责任状明确目标并成为政府官员环保考核的依据。第三次全国环境保护会议确立了环境保护目标责任制作为我国环境管理八项制度之一的重要地位。环境保护目标责任制是一种具体落实地方各级政府和有关污染单位对环境质量负责的行政管理制度。环境绩效评估是衡量环境保护目标责任制落实情况及环境目标实现与否的重要手段之一。政府环境绩效评估对任期内政府及地方行政机构的环境管理活动、环境政策、环境污染与防治情况进行详细考评，给出环境绩效评估结果，通过与环境保护目标责任制中明确的环境保护目标进行分析对比，可以获得任期内政府环境绩效管理活动是否符合行动目标、是否有助于环境质量改善、整体绩效提升的相关信息，有助于及时发现环境管理过程中存在的问题与不足，及时调整环境管理实践活动，提高环境管理的科学性和针对性。

公开透明的绩效评估是环保考核的抓手。传统的环境考核侧重于指标考核，考核结果信息公开程度有限。环境保护目标责任制建立以来，对于环境信息公开提出了新的要求。通过公布环境绩效评估过程、评估结果等方式，披露政府环境绩效和企业环境绩效信息，鼓励公众检举和揭发各种环境违法行为，对于加强政府、企业、公众的沟通和协商，形成政府、企业和公众的良性互动，建立健全社会监督机制具有重要意义。

提高中国环境质量改善的目标有效性。定期开展的环境绩效评估工作能够对一定时期内的环境政策、环境制度实施情况、问题与不足进行详尽归纳，能够为管理者提供有关环境质量改善目标是否有效的真实信息。环境绩效评估报告就当前环境现状、质量状况给出综合评价结果，客观、系统的环境绩效评估报告对于环境质量改善目标制定、环境污染防治政策制定具有重要意义。

1.3.4　多主体参与环境绩效评估，实现政府管理与群众生活质量双提高

走出环境绩效只靠政府的误区。自“环境绩效评估”概念引入以来，我国环境绩效管理活动过度依赖于政府投入，不同层面的环境绩效评估实践表明，多主体参与的环境绩效评估才是未来的发展方向。随着社会经济的发展，传统的资源消耗型发展模式已不适合现代企业的发展需要，发展循环经济、走可持续发展

道路是企业生存和发展的唯一出路。环境绩效评估是实现企业可持续发展的重要手段之一。企业环境绩效评估是企业战略落实的实际载体，是构建和强化企业文化的工具，更是提升企业管理水平的有效手段。企业环境绩效评估活动是企业主动承担社会环境责任的体现，对于转变传统的以政府为主体的环境管理模式具有重要意义。

公众既是污染者也是污染的受害者。人与自然的和谐是构建和谐社会的基础，只有实现生态环境的可持续发展，才能实现人与社会的和谐共处。公众是环境污染的受害者，公众对于环境状况和环境违法现象具有知情权和监督权。与此同时，公众也是环境污染的制造者，环境质量下降与环境污染事故究其本质，与人类生产和生活有密切联系。公众通过实际行为影响环境绩效管理的结果，环境绩效管理的结果又会对公众产生实际影响。公众参与的环境绩效评估活动，不能仅仅拘泥于对环境绩效评估的监督和反馈，只有公众参与到实际的环境管理过程，以自身行为影响环境管理结果，真正地参与进环境绩效评估过程，才能从根本上提高公众的参与程度，为环境质量及社会经济生活质量的提高作出切实努力。

中国环境质量改善的参与有效性尚待加强。现代参与模式主要将企业、公众置于距离问题最近的位置，管理者退于公众角色之后，负责协调和控制整个组织系统。我国的公众参与尚处于起步阶段，企业对环境责任的认识尚浅，企业和公众的主动参与和自觉参与意识相对于发达国家尚存在较大差距。此外，法律法规的缺失、制度的不健全等问题，也在一定程度上造成企业漠视自身环境责任、公众想参与而无渠道等现象。企业和公众参与的有效性不高，导致环境绩效评估效果有限。多主体参与的环境绩效评估有助于充分调动政府、企业、公众的积极性，实现政府、企业、公众的合作共赢，可为提高环境绩效整体水平发挥重要作用。

1.4 国内外研究与实践进展

1.4.1 国内研究与实践进展

1.4.1.1 政府环境绩效评估

政府环境绩效评估主要是针对各级政府环境立法、规划和政策实施效果的评估。从研究层面来看，政府环境绩效评估主要是从管理绩效评价的角度，通过对政府环境绩效的界定，选择关键性的能够反映绩效特征的指标，开展分析评价，研究重点侧重在方法构建层面，已经开展的实践多是由研究者根据环境热点自主选择评价对象，地方政府主动要求开展环境绩效评估的案例凤毛麟角。

在环境绩效评估定位方面，曹颖等（2008）指出，开展中国环境绩效评估将能够从多个方面使中国的环境管理和可持续发展受益。曹颖等（2009）又提出要建立地方环境绩效评估指标体系，增强评估结果对地方环保的导向性作用，强化环境绩效评估制度保障，将环境绩效评估纳入地方政绩考核体系。后来，曹颖等（2010）又提出一个国家的环境战略选择关系国计民生，基于绩效的环境战略是保障我国实现可持续发展的关键所在，环境绩效的理念应贯穿于环境战略制定、实施、评估的始终，并通过环境绩效评估的有效开展为国家环境战略目标的制定奠定基础，为国家环境战略的实施提供保障。

在评估方法与制度建设方面，曹颖等（2008）在借鉴国外开展环境绩效评估经验的基础上，针对中国国情和环境现状与特点，初步构建了针对全国和省级区域的环境绩效评估指标体系和评估方法。张明明等（2009）构建了以目标渐进法、熵权赋值法、加权综合计算法、雷达图法为一体的综合评价方法和相应的生态建设环境绩效评估指标，分析研究了浙江省 11 个地级市 2006 年生态建设的环境绩效空间分布、各地市环境绩效指数与自然资源禀赋、经济水平同环境保护间的相关性。王金凤等（2011）则运用 PSR 模型构建了城市环境绩效评估指标体系，用层次分析法（AHP）确定各指标权重，在市级区域尺度对环境绩效进行评估，并将体系应用于扬州市。但研究者仅以 EPI 来反映环境质量状况，而不是用其体现环境绩效水平。环境绩效水平应不仅包括环境质量状况，还应包括政府的环保投入措施，以及环境治理等情况。蒋雯（2011）采用状态-趋势概念框架（S－T 框架）构建了省级环境绩效评估指标体系，使指标体系密切相关于环境绩效内涵，包括城市生态系统活力、环境质量、资源利用效率、污染控制、环保基础设施建设 5 大类 12 个指标，并利用目标-历史综合比较法对全国 30 个省区市进行评估（减小单纯使用目标渐进法时环境初始差异对评估结果的影响）。彭靓宇等（2013）通过“压力-状态-响应”模型系统分析构建了由城市生态系统活力、环境质量、资源利用效率、污染控制、环保基础设施建设、气候变化、环境治理7大指标类别组成的4层次的天津市环境绩效评估指标体系，测算了2006—2010年天津市的环境绩效指数。研究结果表明，天津市环境绩效在逐步改进，在其环境质量、资源利用效率、污染控制、环保基础设施等方面的绩效水平有大幅提高。天津的环境绩效水平主要由城市生态系统活力、环境质量与资源利用效率这三项指标主导。于忠华等（2013）利用资源环境综合绩效指数（resource and environmental performance index，REPI）对我国15个副省级城市的资源环境绩效进行了综合评价，结果表明：副省级城市REPI平均值为67.26，总体低于全国REPI的平均水平；副省级城市REPI与城市发展水平密切相关，呈现沿海地区城市资源环境绩效高于内陆城市的态势；其中南京市在7个副省级城市中位次居末，近5年来REPI指数呈逐年降低，资源类绩效指数降幅较小，环境类绩效指数降幅较大，研究提出了南京市降低REPI的对策措施。董战峰等（2013）对国内外环境绩效评估进展进行了新的梳理，并总结了环境绩效评估的六大特点等内容。潘腾、黄澄宁（2013）在国内外环境绩效评价研究的基础上构建了环境绩效考核指标体系的模型框架，并遵循杭州市环境管理要求，构建了杭州市环境绩效考核指标体系。最后对杭州市环境绩效考核指标体系的应用情况进行了展望。

在评估实践方面，在开展国外案例分析与总结研究方面，曹颖等（2008）就经济合作与发展组织（OECD）的环境绩效评估、大湄公河次区域环境绩效评估以及耶鲁大学环境法律与政策中心和哥伦比亚大学国际地球科学信息网络中心（CIESIN）联合实施发布的环境绩效指数三种具有代表性的环境绩效评估方法进行了评述，进而探讨了国外的经验对我国开展环境绩效评估的启示。王晓宁等（2006）采用层次分析法和专家评分法建立了评价地方环境保护机构能力的指标体系，从捕捉信息与应急能力、平衡利益能力和执行决议能力3个角度对河南省13个县级环境保护局进行了能力评估。李宏伟（2007）对我国政府环境绩效评估中存在的问题及对策作了探讨。王丽珂（2008）设计了基于生态文明的政府环境管理绩效评价指标体系和定量分析模型，对我国长江三角洲、珠江三角洲和环渤海三大经济圈进行了实证研究。黄爱宝（2010）介绍阐释了政府环境绩效评估的内涵及其体系构建，并指出政府环境绩效评估既有有利于提高政府环境管理效率与水平以及促进环境民主发展、政府环境责任增强和环境信用提高的正面功能，也有政府环境绩效评估技术的局限性和评估目标的误导性导致的负面功能。杨玉楠等（2011）介绍了美国项目绩效评估相关法案的内容，研究了美国环境类公共支出项目绩效评估过程中各方法的应用情况。给出了一些供借鉴和学习的经验：定性分析与定量研究结合，完善的法律和制度保障，统一绩效指标，明确各部门职责，促进公众参与，以及加强数据库建设。

1.4.1.2　企业环境绩效评估

企业环境绩效评估随着可持续发展理念的深入和普及而兴起，ISO 14001 环境管理体系对环境绩效的定义为：一个组织基于环境方针、目标和指标，控制其环境因素所取得的可测量的环境管理系统成效。这里，环境因素是指一个组织的活动、产品或服务能与环境发生相互作用的要素；环境管理系统成效则意味着组织通过加强环境管理而取得的综合绩效。葛家澍（1992）发表的论文——《九十年代西方会计理论的一个新思潮——绿色会计理论》，将环境会计理论首次引入我国。1994 年，我国发布了《中国 21 世纪议程——中国 21 世纪人口、环境与发展白皮书》，将可持续发展作为中国经济发展的目标和归宿，推动了对企业的环境管理与评价问题的研究工作，其中包括对企业环境责任和社会责任的评估核算方法和信息披露问题的研究。

从对企业环境绩效评估问题的研究状况来看，主要分为指标体系、评估方法、评估机制、评估现状、评估系统及其实施等角度。贾妍妍（2004）从环境质量、环境化过程、环境技术创新投入 3 个方面提出了企业环境绩效评价指标体系，并运用层次分析法进行了指标分权。陈静、林逢春（2004）对国际上常用的两种环境绩效评估指标体系（ISO 14031 指标体系和生态效益指标体系）。与我国上市企业环境绩效相关法规进行了相容性分析。陈静等（2005）又对国际上常用的两种环境绩效评估指标体系（ISO 14031 指标体系和生态效益指标体系）进行了差异分析。陈静、林逢春（2006）借鉴国外现有成果，尝试构建企业环境绩效指标体系，并用模糊综合指数评估模型（将模糊理论与综合指数法结合）对一企业进行了实践评估。乔引华等（2006）从企业、行业、政府三个层面探讨和分析了企业环境绩效评价应该包含的内容及相应的指标体系构建工作的开展，指出在三个递进的层面企业环境绩效工作的全面开展，有助于全社会范围内形成企业环境绩效评价网络体系。胡嵩（2006）介绍了环境绩效评价的作用、指标、综合评价体系等内容，并探讨了绩效指标的完整性及公共环境绩效等问题。刘丽敏（2007）对国际上一些具有较大影响的环境绩效评价标准进行了综述，并尝试构建我国的企业环境绩效指标体系，利用专家咨询法和层次分析法确定指标权重，并运用模糊综合评价分析模型进行综合分析。陈静等（2007）借鉴世界可持续发展工商理事会（WBCSD）提出的生态效益指标体系，构建了环境绩效动态评估指标体系，在静态评估基础上运用数据包络分析方法（DEA）建立企业环境绩效动态评估模型，对 7 家钢铁企业 2002—2003 年的环境绩效进行了测算。陈汎（2007）对国内企业环境绩效评价的研究和实践情况进行了总结，分析了国家环保总局的企业环境行为评价制度的特点和存在的问题，提出了国内企业环境绩效评价制度的发展方向，对推广企业内部和外部的环境绩效评价提出建议。高雨玲（2013）从环境绩效评估的视角研究了企业绿色物流诊断问题，旨在帮助企业构建起核心竞争能力和实现可持续发展。在阐述了环境绩效评估相关知识的基础上，探讨了基于环境绩效评估的绿色物流诊断内容，接着分析了绿色物流环境绩效评估的两个基本方法，即生态效益指标评价模型和国际标准化组织的环境绩效评估指标体系，最后重点研究了平衡计分卡在绿色物流环境绩效评估中的应用，构建了基于平衡计分卡的绿色物流环境绩效评估体系，从财务、客户、员工和过程管理四个维度确定了其关键绩效评价指标、管理要项、行为指标和指标值。李苏、邱国玉（2013）以我国钢铁行业上市公司为案例进行研究，构建基于数据包络分析方法的环境绩效评价与其实施流程，通过投影值分析找出环境绩效不佳决策单元的薄弱环节，解释其环境风险的具体节点。通过敏感度分析挖掘各种输入、输出变量因素对于决策单元的具体影响力，为不同决策单元的环境绩效管理找到工作重点。通过改进百分比分析，找出相对无效的企业改进时的重点改进指标及改进幅度，以此引导钢铁企业充分披露环境投入产出信息，开展环境保护绩效管理，接受社会公众的监督。

在政府部门主导的企业环境绩效评价方面，江苏省最早进行了尝试。2000 年镇江市政府对市区主要工业企业率先实施工业企业环境行为信息公开化制度。2001 年江苏省环境保护委员会下文要求在全省范围内推广实施工业企业环境行为信息公开化制度。2003 年起，国家环保总局与世界银行合作，在部分省、市开展企业环境行为评价试点工作。2003 年江苏省各地市，2004 年重庆市、安徽省的淮北市等 5 个试点地级市都发布了对企业环境行为进行评价的结果。国家环保总局 2005 年发布《关于加快推进企业环境行为评价工作的意见》，决定将江苏等各试点省市的经验在全国推广，推进企业环境行为评价工作。

1.4.1.3　绩效评估实践

在环境绩效评估实践方面，可以从国家层面、省级层面以及市级层面三个层面进行整理与综述。

（1）国家层面

2005—2006 年，国家环保总局与 OECD 合作，首次对我国进行环境绩效评估，从环境结果、环境政策实施、可持续发展的关键问题、环境与经济政策一体化以及国际合作等方面开展。2006 年 11 月，OECD 发布《中国环境绩效评估报告（2006）》。该次评估不仅对中国近十年来的环境政策实施效果进行了全面、客观的回顾，而且为下一步提高环境管理水平提出了有针对性的对策建议。

（2）省级层面

亚洲开发银行（ADB）在大湄公河次区域环境战略框架（Ⅱ）项目中，指导我国云南省运用环境绩效评估方法，对其环境预设目标的实现程度和环境管理水平进行了定性与定量评估。2007 年，亚洲开发银行启动了大湄公河次区域环境战略框架（Ⅲ）项目，将评估区域扩展到了我国云南省和广西壮族自治区。

2011 年环保部环境规划院独立开展了中国省级环境绩效评估（2008）研究报告，并逐步推进省级环境绩效评估年度报告研究，以形成定期的省级环境绩效评估机制。

2012—2013 年环保部环境规划院与南开大学战略环境评价研究中心合作，在 OECD 环境绩效评估指标体系的基础上进行修改调整，构建了一套具有中国特色的省级评估指标体系并对全国除西藏外的 30 个省/区市进行了环境绩效评估，对其进行了排名，最终形成了《中国省级环境绩效评估报告（2009）》。

（3）市级层面

2012 年环保部环境规划院与浙江省环保厅合作对浙江省各市进行了环境绩效评估，并对浙江省所辖市进行了排名。

2013 年环保部环境规划院与南开大学战略环境评价研究中心合作对天津市

进行市级环境绩效评估研究，评估了天津市2007—2011年五年间的环境绩效，根据其变化趋势对天津市目前的环境问题提出了对策及建议。

1.4.1.4 其他相关评估工作

其他相关评估工作的开展情况，对于环境绩效评估工作的开展也具有一定的借鉴意义，哥伦比亚大学与耶鲁大学合作研究的“环境绩效指数”正是在“环境可持续性指数”的基础上演变而来。

1995年，联合国可持续发展委员会（UNCSD）启动了“可持续发展指标工作计划（1995—2000年）”。2002年，叶正波提出了基于三维一体的区域可持续发展指标体系模型，该模型以压力-状态-响应模型为基础，涵盖了经济、环境、社会三个维度。同年，张志强等（2002）总结概括了可持续发展评估指标或指数的概念及国际上相关研究的指标选取原则，并在此基础上分析归纳了可持续发展指标体系的类型及其框架模式。此外，以牛文元为首的中国科学院可持续发展战略研究组按照可持续发展的系统学研究原理，提出并逐步完善了一套四级叠加、逐层收敛、规范权重和统一排序的可持续发展指标体系，并对我国31个省级行政区的可持续发展水平进行了定量评估。

1997年，国家环境保护局开始在全国各城市开展创建国家环境保护模范城市活动，旨在树立一批环境与社会、经济协调发展，环境优美的环境保护模范城市，以此推动我国环境保护进程。现在的环保模范城市考核包括四类社会经济、环境质量、环境建设和环境管理四类指标，共25项具体指标。

1998年以来，中国科学院可持续发展战略研究组提出了资源环境综合绩效指数（REPI），并对中国的资源环境绩效水平进行了年度评估。该指数是一种相对指标，通过资源利用和污染物排放强度来综合反映社会的资源节约和环境友好水平。由于各种资源消耗和污染排放对环境的影响程度一时难以定量化，各指标的权重无法确定，为简化起见只能假定各种资源消耗和污染物排放绩效的权重相等，因此综合评价结果的合理性受到了较大影响。中国科学院可持续发展战略研究组每年以《中国可持续发展战略报告》的形式公布各年的评估结果。

1999 年以来，国家环境保护总局[①]先后启动了生态省、生态市和生态县的创建考核活动，包括经济发展、环境保护和社会进步三方面。其中，生态省评估指标体系包括 22 个指标；生态市评估指标体系包括 30 个具体指标；生态县包括 38 个具体指标。此外，还包括绿色学校、绿色社区、环境优美乡镇等的创建。目前全国已经初步形成了生态省—生态市—生态县—环境优美乡镇—生态村的生态示范创建体系。

2004 年以来，环境规划院就开始了绿色国民经济核算的相关研究，迄今已经完成了 2004 年、2005 年、2006 年和 2007 年的绿色 GDP 核算。目前所进行的核算仅仅是环境污染经济核算，是一个非常狭义的、附加很多条件的绿色 GDP 核算。但是，核算结果在反映经济活动的资源和环境代价方面，仍然发挥着重要作用。

2006 年，刘晓洁等尝试构建资源节约型社会评价指标体系，最后通过 2 个节约指数对全国 1990—2004 年的资源节约状况进行了综合评价。

2009 年，中国人民大学发布了“中国发展指数（2008）”（RCDI）对我国各省的社会经济综合发展的均衡性进行了分析。RCDI（2008）指数一共有 15 个指标，分别归属于健康、教育、生活水平和社会环境四个方面。在社会环境指数方面（二级指标），包括城镇登记失业率、第三产业增加值占 GDP 比例、人均道路面积、单位地区生产总值能耗、省会城市空气质量达到并好于二级的天数（省会城市 API）、人均环境污染治理投资额 6 个三级指标。研究发现，中西部地区在社会环境方面发展迅速，部分归功于西部大开发战略，体现了中西部地区发展模式的转变。

1.4.2　国外研究与实践进展

国际上，主要的环境绩效评估研究组织有经济合作与发展组织（OECD）、联合国欧洲经济委员会（UNECE）、耶鲁大学环境法律与政策中心和哥伦比亚大学国际地球科学信息网络中心、世界银行（WB）、欧洲环境署（EEA）、亚洲开发银行（ADB）等。目前，国际上有关环境绩效评估的研究，主要集中在指标选

① 2008 年成为环境保护部。

取原则、指标概念框架和评估实践等方面。其中，区域环境绩效评估实践则主要由经济合作与发展组织（OECD）、联合国欧洲经济委员会（UNECE）、耶鲁大学环境法律与政策中心和哥伦比亚大学国际地球科学信息网络中心 3 个国际组织或研究单位组织开展。区域环境绩效评估为各国和各地区环境政策和环保目标的制定和改善提供了依据，旨在提高各地区的环境管理水平。

1.4.2.1 经济合作与发展组织（OECD）

在 1991 年的 OECD 环境部长会议上，OECD 开始了环境绩效评估项目，并得到了 OECD 大会的肯定。

1993 年，经济合作与发展组织利用压力-状态-响应（PSR）模型（图 1-1），形成了应用于环境绩效评估的 PSR 框架，并在该框架的指导下开发了分类指标框架。其指标选取原则为：政策相关、分析方法完善和可度量，基于现有数据或者数据可获取。其中，核心环境指标约 50 个，涵盖了 OECD 成员国的主要环境问题。指标体系分为环境压力指标（直接的和间接的）、环境状况指标和社会响应指标 3 类。

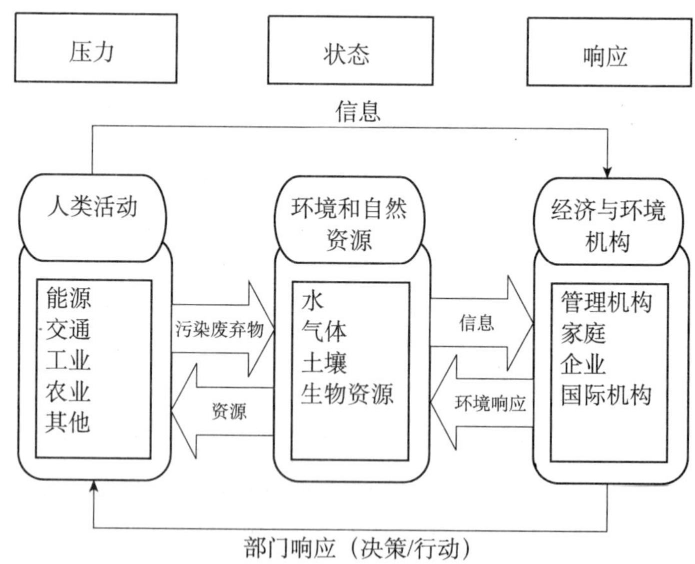

图 1-1　OECD 压力-状态-响应（PSR）模型

各受评国均采用 OECD 设定的指标体系（表 1-1），但根据各国环境问题的特点在具体指标选择上有所侧重。在具体评估时，并非呆板地将各指标逐项评估，而是将指标与国家背景信息、对相关可获取数据的深入分析相结合。在评估方法上，OECD 强调对于所有受评国，评估方法应相对统一，同时也强调受评国的特点；采取互动评估（peer review）和周期性评估，定期地由受评国以外其他国家对该国环境绩效开展系统考核与评估。

表 1-1　OECD 环境绩效评估指标体系

环境指标		社会经济指标	
气候变化	CO_2排放强度	GDP 与人口	GDP
	温室气体浓度		人口增长与密度
臭氧层消耗	臭氧层消耗物质	消费量	个人消费量
	同温层臭氧		政府消费量
大气质量	大气污染物排放强度	能源	能源利用强度
	城市空气质量		能源构成
固体废弃物	产生量		能源价格
	循环利用	交通	路网密度与汽车保有量
水质	河流水质		交通燃料价格及税收
	污水处理	农业	氮肥和磷肥使用强度
水资源	水资源使用强度		家畜密度
	公共供水与价格		化肥使用强度
鱼类资源	鱼类捕获与消耗量（国内）	支出	污染削减与控制支出
	鱼类捕获与消耗量（全球、区域）		官方发展援助
生物多样性	濒危物种		
	保护区		

截至目前，OECD 的环境绩效评估一共进行了三轮（1993—2000 年，2001—2009 年，2010 年），评估对象既有成员国也包括非成员国，评估和分析结果以针对各国的评估报告呈现，定性地反映了这些国家的环境管理水平。非成员国的环境绩效评估是通过与 UNECE 的合作完成的。

评估有利于受评国环境政策的制定和实施以及相互间的学习和借鉴。在OECD成员国内，环境绩效评估已经成为一种完善的、制度化的评估机制。

1.4.2.2 联合国欧洲经济委员会（UNECE）

1993年UNECE开展的环境绩效评估项目，是OECD环境绩效评估项目的补充和拓展，其将OECD环境绩效评估项目的范围从OECD成员国拓展到整个欧洲，并逐步成为UNECE日常工作的一部分。

UNECE环境绩效评估的目的在于：①通过全面了解基础状况信息提出更好的政策制定和实施意见，帮助处于转型期的国家提高其环境管理成效；②促进联合国欧洲经济委员会成员国之间的持续性对话与交流，分享相关经验；③帮助各国将环境政策更好地融入各部门（如农业、能源、交通、健康等部门）的经济政策中。④强化各国和经济体对其他国家和公众的社会责任感；⑤激励更多公众参与到环保评估和决策中来。

UNECE环境绩效评估是一个自愿性的项目，由受评国自主申请接受评估。评估团队由成员国的专家组成，灵活机动以满足受评国需求。其评估过程包括：①前期准备：受评国提交评估申请，UNECE就评估各方面向受评国咨询了解情况，并组建评估代表团队。②代表团评估：组建的评估团队将赴受评国与当地的国家和地方政府部门代表、非政府组织以及私营部门会面，就环境绩效评估问题进行商讨，草拟报告提交给环境绩效特设专家组。报告包括描述性部分和建议部分。③专家组评估：与代表团专家不同，特设专家组是由UNECE环境政策委员会指定的。在专家组评估时，将针对报告草案进行审查，旨在总结并提出建议。受评国专家也将受邀参与评审会，并与专家组交流。最终报告的修订稿将提交给环境政策委员会中的各国政府。④同行审查：之后将由UNECE环境政策委员会的各成员国进行审查，并最终定稿出版。⑤下一轮评估的申请。

自1996年以来，UNECE已经完成了三轮环境绩效回顾。第三轮环境绩效评估将要包括绿色经济背景下的环境治理和融资，以及各国在环境优先关注领域中的合作。各国的评估报告包括进一步改善各国环境管理的建议，且兼顾考虑了各国在当前阶段的发展进程。2012年5月，摩尔多瓦提交了评估申请，并于2013年2月进行了代表团评估。

1.4.2.3　耶鲁大学和哥伦比亚大学

2006 年，耶鲁大学环境法律与政策中心和哥伦比亚大学国际地球科学信息网络中心联合开展了“环境绩效指数”研究，并每隔两年对全球各国评估一次，以弥补“可持续发展指数”评估内容过于宽泛等问题，有针对性地考核各国取得的环境管理成效，评估仅追踪政府可量化的核心环境问题的环境绩效。

该评估为世界确立明确的环境目标，并定量测评各国对这些目标所做出的努力，确保评估得到有力执行。该研究以指数形式定量表征各国的环境绩效，反映政府环境政策的有效性，推动环境绩效评估在宏观层面的普遍应用。

2006 年，Esty 等在 2006 环境绩效指数中，从国家相关、绩效导向、指标透明、数据质量四个方面考虑，利用主题框架模型构建了适用于全球大部分国家的环境绩效指标体系：①国家相关：指标所追踪观察的相应环境问题必须与各种情况下的国家都具有相关性，包括多种地理状况、气候状况、经济状况下的国家；②绩效导向：指标所追踪观察的必须是实际的状况或显示的结果（或者是该结果测评基准所能找到的最佳数据）；③指标透明：指标必须提供清晰的基本测评标准，能够追踪观察随时间而发生的变化，并保证数据来源和方法论的透明性；④数据质量：指标所使用的数据必须满足基本的质量要求，并能代表现有的最佳测评标准。

在权重赋值上，主要是根据政策判断而不是科学依据。在具体指标的确定上，原则上采用等权重方法，再依据专家调查法对部分权重进行调整。

2012 年环境绩效评估增加了趋势 EPI 的计算。趋势 EPI 采用了与 EPI 相同的指标框架，以衡量 2000—2010 年的 EPI 变化。具体计算方法是利用指标框架中的各个指标计算其每年的目标接近值，并对历年的目标接近值进行回归模拟，获得趋势值；然后通过归一化将该值转化为 $-50 \sim 50$ 的分值。两个极端值根据所观测到的趋势值确定，其中 50 表示最大的改善，-50 表示最大的降低。对于那些已经发生改变的指标，其变化范围为 -50 到 0，这些指标包括森林损失、森林增长量、森林覆盖、水质变化等。趋势 EPI 的指标赋权和加总方法与 EPI 指数计算相同。2012 年度指标体系及各年度评估情况见表 1-2 和表 1-3。

表 1-2 EPI 指标体系（2012）

指数	目标	政策分类	指标
EPI	环境健康（30%）	环境健康（15%）	儿童死亡率（15%）
		大气污染对人类的影响（7.5%）	室内空气污染（3.75%）
			城市空气颗粒（3.75%）
		水对人类的影响（7.5%）	饮用水覆盖（3.75%）
			卫生系统覆盖（3.75%）
	生态系统活力（70%）	大气污染对生态系统的影响（8.75%）	人均二氧化硫排放量（4.38%）
			单位国民生产总值（GDP）二氧化硫排放量（4.38%）
		水对生态系统的影响（8.75%）	水质变化（8.75%）
		生物多样性和栖息地（17.5%）	生物圈保护（8.75%）
			海洋保护区域（4.38%）
			重要栖息地保护（4.38%）
		森林（5.83%）	储量增长量（1.94%）
			森林覆盖变化（1.94%）
			森林损失（1.94%）
		渔业（5.83%）	沿海大陆架渔业压力（2.92%）
			过度捕捞鱼类数量（2.92%）
		农业（5.83%）	杀虫剂管制（1.94%）
			农业补贴（3.89%）
		气候变化（17.5%）	单位 GDP 二氧化碳排放量（6.13%）
			人均二氧化碳排放量（6.13%）
			每千瓦时二氧化碳排放量（2.63%）
			可再生能源比例（2.63%）

EPI 同样以第三方作为评估主体，各年的具体评估情况见表 1-3。

表 1-3 EPI 评估情况

时间	评估情况
2006	6 个政策层指标，16 个指标层指标，133 个国家/地区参评
2008	6 个政策层指标，25 个指标层指标，149 个国家/地区参评。相较于 2006 年，做出如下调整： ◆“环境健康”和“自然资源生产力”政策范畴按照主题相似性又各自进一步细分出 3 个子政策范畴； ◆ 指标从 16 个调整至 25 个； ◆ 增加了“气候变化”政策范畴，“生物多样性”、“农业”、“渔业”等采用了新的综合性指标

时间	评估情况
2010	10 个政策层指标，25 个指标层指标，163 个国家/地区参评。相较于 2008 年，作出如下调整： 1）指标选择：每个政策分类内具体指标的选择广泛采用了 DSPIR（驱动力、压力、状态、影响、响应）环境评估框架，依据现有的最佳环境数据构建，较 2006 年和 2008 年的指数都有了很大进步。 2）权重： ◆ 提高了温室气体人均排放量这一指标的权重； ◆ 降低了生态系统活力目标下的政策层的权重（除气候变化政策外）； ◆ 提高了大气污染对生态系统影响的权重。 3）指标：增加了新环境问题指标，如氮氧化物排放量等指标。 4）指标计算方法：运用对数变换法计算指标值。 缺陷：由于缺乏某些可靠数据而受到较大限制，因而在被联合国承认的 192 个国家中只有 163 个国家进入排名。且由于数据的缺失、国家覆盖范围的有限性、方法不一致或者其他低质量的测评基准，一些很重要的问题并没有在 2010 年的 EPI 中反映出来。这些数据缺口包括：有毒化学物质的暴露；重金属的暴露；环境空气质量浓度；废物治理；核安全；农药安全；物种灭绝；淡水生态系统的健康；农业土地质量和腐蚀；一些有关温室气体排放的数据
2012	10 个政策层指标，22 个指标层指标，132 个国家/地区参评。排在前五位的国家为：瑞士、拉脱维亚、挪威、卢森堡、哥斯达黎加；排在后五位的国家为：南非、哈萨克斯坦、乌兹别克斯坦、土库曼斯坦、伊拉克。趋势 EPI 排在前五位的国家为：拉脱维亚、阿塞拜疆、罗马尼亚、阿尔巴尼亚、埃及；排在后五位的国家为：爱沙尼亚、波黑、沙特阿拉伯、科威特、俄罗斯。相较于 2010 年，作出如下调整： ◆ 将“环境疾病负担”替换为“环境健康”； ◆ 分别按照环境健康 30% 和生态系统活力 70% 的权重进行了调整。主要原因是 2012 年以前两个方面所选择的评价指标数量有较大差异，因此采用等权重方法相当于放大了环境健康因素对环境绩效的影响。 ◆ 另外，2012 年绩效指数计算的一个重大变化是开展了趋势绩效指数（Trend EPI）计算

EPI 评估帮助政策制定者发现环境问题，追踪观察污染控制和自然资源管理的趋势，识别最重要的环境问题；确定哪些政策能产生良好效果，哪些政策收效不好，通过相似“群体”的分析，以专题的方式区别先进者和落后者，定位最佳行动榜样和成功决策模式。该评估在全球范围内产生了较大影响，评估结果也得到了各受评国的重视，成为各受评国审视自己环境状况的一个参照。

1.4.2.4　世界银行

1996 年，世界银行（WB）在《绩效监测指标手册》中提出用投入—产出—

结果—影响框架（Input-Output-Outcome-Impact，IOOI）来构建环境绩效指标，并在1999年的环境绩效指标报告中提出了项目环境绩效指标选取的8项原则：①与项目目标相关；②数量精简；③设计清晰明确；④数据可获取；⑤因果关系明确；⑥数据可信；⑦合适的时间和空间尺度；⑧有目标和基准。主要考虑了政策、数据和指标三个方面。

1.4.2.5　欧洲环境署

1999年，欧洲环境署（EEA）提出用包含全部五类指标的驱动力—压力—状态—影响—响应（driving force-pressure-state-impact-response，DPSIR）模型构建环境绩效指标体系（图1-2）。在2005年根据九项标准构建了其核心指标体系，其中四项与政策相关：政策相关性、政策目标实现程度、指标易于理解、反映欧盟优先政策议题；四项与数据相关：基于现有或者常规收集的数据、数据的空间涵盖性、时间涵盖性和国家尺度；一项与科学相关：数据处理方法完善。

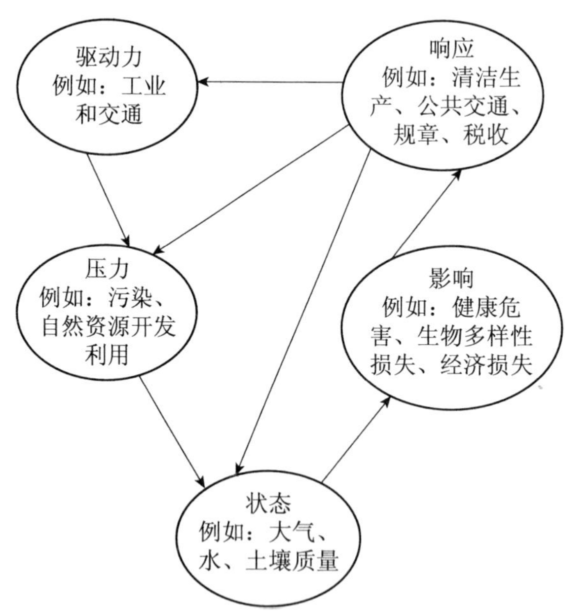

图1-2　驱动力—压力—状态—影响—响应（DPSIR）模型

1.4.2.6　亚洲开发银行

2003—2005年，针对大湄公河次区域（GMA）不同国家，亚洲开发银行

（ADB）开展了环境绩效评估暨战略环境框架项目，并于 2007—2010 年开展了第二轮评估。

GMA 在构建指标体系时，遵循以下原则：代表性和针对性、连续性、可获得性。旨在选取最能代表所属领域的真实情况，能够准确揭示说明所属领域面临的压力、现状和所做的响应的指标，且指标体系能形成一个时间系列，并能通过现有资源整合获得。

GMA 环境绩效评估基本沿用了 OECD 的评估思路，但更突出了次区域特点，也更注重定量分析。第一轮评估项目是在 PSR 框架下围绕 13 个国家层面的环境问题和 3 个跨国界的环境问题开展；第二轮评估则是以第一轮评估为基础，并将 PSR 模型扩展为 DPSIR 模型。

1.4.2.7　美国绩效跟踪计划指南

美国绩效跟踪计划指南自 2000 年 6 月开始实施。绩效追踪成员代表几乎分布于每个制造业，以及联邦、州和地方各级的公共机构。该计划于 2004 年添设领袖企业称号以表彰对环境管理和持续改进做出卓越承诺的企业。自计划实施以来，绩效跟踪成员汇报减少了 3.5 亿加仑①用水量，保护了超过14 000亩②的土地，增加了135 000t 循环再生物料的使用，并降低了超过 97 000t 的温室气体排放量。绩效跟踪计划迄今已进行了 6 次评估，目前已形成的文件包括《绩效跟踪计划指南》和 6 次评估进展报告。

1.4.2.8　韩国政府绩效评估

东亚地区一些现代化进程较快的国家也先后开展了政府绩效评估的尝试，其中以韩国政府的改革最具借鉴意义。为适应全球化、信息化和知识经济给政府管理带来的挑战，韩国政府于 20 世纪 90 年代启动了新一轮的行政改革，目标是创建一个廉价、高效和服务型的政府。为了推动行政改革，达到行政改革的最终目标，韩国完善和强化了政府绩效评估和管理机制。

---

① 1 加仑 =4.546L。

② 1 亩 =0.066 7hm^2。

第2章

环境绩效的影响因素分析

环境绩效的影响因素多种多样，这里我们将着重从制度、目标、资源配置与评价主体参与四个方面对其进行归类与分析。

环境保护是一项公共事业，环境质量是典型的公共物品。防治污染和保护自然的收益由全社会成员所共享，其成本则通常由一小部分社会主体承担。这些正的外部性及与之相随的“搭便车”行为会阻碍个人或企业采取积极的措施来改善环境质量，污染治理的社会供给将低于最优水平（李万新，2008；Olson，1971；Esty和INSEAD，2001；Portney和Stavins，2000；Durant，Fiorino和O'Leary，2004）。因此，民众唯有将监管环境的权利和责任委托给政府才有可能克服外部性和集体行动的挑战，得到较为合意的环境成果。世界上大多数国家已在宪法中明确规定政府具有保护环境、公共卫生、公共健康的责任（莫神星，2004）。我国《宪法》的第一章第二十六条规定：“国家保护和改善生活环境和生态环境，防治污染和其他公害。”因此社会需要对政府的环境绩效进行评价与考核。值得注意的是，虽然民众将保护环境、监控污染的主要职责委托给政府，但中国政府具有五个不同的层级并面临条块分割的挑战，需要就中央与地方政府之间以及政府与企业之间的委托代理关系和内置的监管与激励机制进行仔细分析。下文就以中国为例，分析影响发展中国家环境绩效的制度、目标、资源配置等因素，并对评价主体参与环境绩效评估的状况做出评价。

2.1 制度安排

2.1.1 委托代理关系产生自上而下的提高环境绩效的压力

在提高环境绩效的制度设计上，自上而下的压力传递途径主要有两种表现形式，其分别为：①地方政府受中央政府委托监管污染企业和保障环境质量；②上市公司受股东委托开展经营活动并实现经济、环境和社会效益的最大化。由上可见，这两种制度安排都体现了现代经济学中“委托代理关系”的概念。

而据詹森和威廉·麦克林的定义，委托代理关系是指在存在一种鲜明或隐含契约的前提下，根据这个契约，一个或多个行为主体指定雇用另一些行为主体为其提供服务，并根据其提供的数量和质量支付相应的报酬（Jensen，1976）。但在现实生活中，因为委托人与代理人在激励与责任方面存在不一致性甚至矛盾以及两者所掌握的信息不对称，代理人有可能背离委托人的利益或不忠实委托人意图而采取机会主义行为，存在潜在的道德风险，于是由此产生的监管和激励成本和执行问题制约了委托代理关系的良好运行（Mas-Colell，Whinston 和 Green，1995）。因此，在接下来探讨两种自上而下的压力传递途径的过程中，我们要始终兼顾委托代理关系出现与存在的意义及其可能引发的成本问题。

中央政府承担治理污染、保护环境的责任，但受其自身的规模、资源、信息等多方面因素的制约，往往最终不得不再一次将环境保护的职责委托给各地方政府实施。虽然在一定程度上，这一分权可以促进地方环境保护行为的相对高效率，但由于在这一中央—地方委托代理关系中，官员个人的政治前途往往与任期内地方的经济发展密切挂钩、同其治下地方环境表现的联系缺失，地方政府一般比中央政府更关注经济发展而疏于考虑开发项目的环境影响。由于地方政府对当地的规划和发展等事务具有决定权，同时知识具有地方性，出于对地方决策的尊重以及中央对地方信息的掌握相对处于劣势，这一层委托代理关系因道德风险而产生的成本往往极为巨大。因此，现实中经常出现的情况是，中央政府怀有较强的环保意愿，地方政府虽然能意识到环境保护的重大意义，但仍旧为官员自身前途利益捆绑，最终很难与中央政府目标完全一致。也正因为此，中央政府如何考核地方政府的绩效以及如何制定政府官员的评价标准都是在宏观层面上对环境绩效而言至关重要的课题。

论及微观层面，作为环境污染的主体，上市公司受到股东委托开展经营活动并追求经济效益最大化。股东对公司的环境表现存在关切主要有以下两个原因：①股东本身为民众一员，也追求生活的健康与舒适，也反对工业污染，因此其对美好生活的追求和内在的道德律也促使其对企业的环境绩效提出要求。②股东关心企业的市场价值，而成熟的股票市场会对反映企业的环境绩效的相关信息做出反应。当公布企业污染的信息之后，上市公司的股价会下降，因此，良好的环境绩效能让股东收获更高的经济利益。现实中，股东对上市公司的这一压力确实在微观上对企业的环境表现在一定条件下起到了显著的正向作用，而这一委托代理关系所可能产生的问题，则往往是公司实际管理层（CEO）行使“帝国主义”的扩张策略而使董事局的预期未能实现。

总的说来，以上两种制度的存在一方面使得微观与宏观的环境绩效能够得到一定程度的监督与保障，另一方面则因为委托代理关系而产生的成本，要求委托方对代理方的环境绩效进行监控和考评。因此，环境绩效评估这项工作具有重要的现实意义。

2.1.2 市场竞争产生企业改善环境绩效的自我激励

除了政府乃至股东对代理人进行的类似监管的压力机制，企业在实际经济活动中所面临的各种形式的市场竞争也在时刻对企业改善其环境绩效产生着强大的自我激励作用。企业面临的市场竞争可以分为以下几种类型：

2.1.2.1 国际竞争及绿色贸易壁垒

20世纪90年代以来，随着乌拉圭回合谈判的结束和WTO的成立，贸易自由化的发展使国际贸易竞争更加激烈，贸易保护主义思潮开始抬头。由于传统的贸易保护措施既不合理又不合法，西方国家采用一些新的合理合法的贸易保护措施来保护本国利益。其中环保措施具有更大的隐蔽性和灵活性，容易受到公众和世界各国的认同，成为贸易保护最有影响力的措施。发达国家以环境保护和保障人身安全及健康为由，通过立法或制定严格的技术标准，使得外国产品无法进口或进口时受到一定限制，成为国际贸易活动中的“绿色贸易壁垒”。绿色贸易壁垒的产生，某种意义上为世界各国商品与服务的自由流动设置了障碍，但从积极的角度来讲，其有助于世界各国优化其产品的环境友好型，有助于人类整体的可持续发展。

倘以中国纺织品行业的发展为例，因为绿色贸易壁垒的出现及其对我国纺织行业的影响日益加强，2000 年 6 月，我国颁布了生态纺织品的环境标志产品技术要求，2001 年 8 月颁布了《纺织品甲醛含量的限定》（GB 18401—2001）。可以看到，对绿色贸易壁垒和国际竞争的顾忌确实促使我国企业在环境绩效上取得了更优异的成绩（张引、杨文等，2010）。

2.1.2.2　产品环境标识和消费者绿色偏好

因消费者对产品生产过程中的环境友好程度存在要求，他们会更加偏好拥有环境标识的产品（Minton 和 Rose，1997）。因此，能否获得环境标识也就成为决定企业可否获得更大市场份额乃至更大利润的一个影响因素。

（1）绿色信贷与环境绩效

绿色信贷即所谓“green-credit policy”，是国家环保总局、人民银行、银监会三部门为了遏制高耗能、高污染产业的盲目扩张，于 2007 年 7 月 30 日联合提出的一项全新的信贷政策。绿色信贷的推出使得污染者唯有确保自身的环境绩效方能在发展过程中获得金融方面的足够贷款支持（《中国环境年鉴》编辑委员会，2008）。

（2）股票市场对环境绩效的反应

根据经典金融学理论中的有效市场假说，金融市场应当对各种信息作出即时反应。环境绩效信息能反映该上市公司的内部治理水平和面临的市场及政策风险：公司管理层和员工对于环境保护的重视程度、生产的技术水平、管理模式、消费者抵制其品牌的可能性、政府执法人员对其采取制裁行动的风险。如果市场认为环境绩效的信息能够反映该企业将来存在获利空间，那么，股市价格与环境绩效就应当出现正向的相关性。在实证研究中，二者的相关性并不非常明显，随数据和时间段的选择呈现出不同的结果。但总的说来，在较为发达的成熟的金融市场中，较好的环境绩效对于股价具有正面的影响，特别当该上市公司属于传统污染密集型企业的时候，这种股价上的正向影响往往表现得愈发明显（Konar 和 Cohen，2001；

Ruf et al.，2001；Stanwick 和 Stanwick，1998；Keiko，2008）。

（3）保险市场对环境风险的反应和控制

环境责任保险又被称为“绿色保险”，其在各个国家的具体的名称有所不同，如英国称为环境损害责任保险（environmental impairment liability insurance）和属地清除责任保险（own sit clean-up insurance），美国称为污染法律责任保险（pollution legal liability insurance）。一般认为环境责任保险是以被保险人因故意或过失对水、土地或空气等环境要素产生损害，依法应承担的赔偿责任作为保险对象的保险。在保险市场上，各种名目的环境保险既对投保企业的环境风险进行了控制，又对企业的环境表现提出了外部压力与要求。

总体来说，企业自我激励效果都或多或少根源于市场机制。而在一般情况下，这种自发的调节机制能够用较少的成本达成与管制机制相同的效果（Tietenberg 和 Lewis，2009）。由此出发，政府可以考虑建立环境治理的经济体制，实现低成本、高成效的环境监管，到底如何实施值得进一步探讨。

2.1.3 公众环境意识提高产生自下而上的改善环境绩效的推力

随着公众环境意识的不断提高，对于改善环境绩效自下而上的需求与推力也必将不断高涨。在国外，Titenberg 等将这种在环境信息公开基础上的、具有广泛公众参与的环境监管被称作环境治理领域的“第三次浪潮”（Tietenberg，1998）。

首先，中国《物权法》的通过使得民众对于周边环境质量的关注度近年来持续上升，因为大家已逐渐意识到自己有权要求获得一个健康、清洁的生存环境。在这一点上，现代物权法发展的一个重要趋势，即在强化物的利用效率、促进物尽其用的同时，越来越重视环境的保护（王利明，2008）。我国《物权法》对环境保护是予以高度重视的，其在所有权部分特别是相邻关系的制度上，突出了对环境的保护。其强调了所有人行使所有权，都必须负有尊重和保护环境的义务。相信随着此法的深入实施，民众的法律维权意识也会逐渐觉醒，自下而上的环境改善途径也将得以实现。

其次，近年来，新闻媒体与环境报道呈现出开放的态势，对于环境与环境污染等相关话题的探讨日渐增加，这一切都逐步提高了公众对环境议题的敏感性（Aerts，Cormier 和 Magnan，2008；Bell，1994）。

此外，由中央政府或者非政府组织着力推动的各种环境信息公开机制的建设与努力，都在为公众推动环境绩效改善提供有力的保障。2008年5月1日《环境信息公开办法（试行）》开始实施，其对完善中国环境治理机制具有里程碑式的意义。自此以后，各地方政府开始着手完善自身的环境信息披露工作，以《环境质量公报》为参照可以发现，各地方政府的环境绩效披露工作总体上呈逐年稳步进展的趋势。

公众压力对于污染者改善环境绩效的效果而言目前尚属方兴未艾，可以预见，随着民众环境意识的持久提升，这种自下而上的作用方式必将在以后更有力地推动环境绩效改善。

2.2 管理目标

对于环境绩效进行考核，合理地制定考核目标至关重要。

2.2.1 污染源排污的总量和浓度

2.2.1.1 重点污染源的监测

（1）重点污染源、重点污染物与排污申报

在中国，所谓重点污染源一般是指在某一个环境管理部门所辖区，按重点污染物排放总量从大到小累计达到或超过本地排放总量的85%的所有企业。而重点污染物则是同时考虑污染物对自然和个人身体健康的影响情况决定（如二氧化硫等列入重点污染物主要是为防止酸雨的形成，而酸雨同时会对自然和个人身体健康产生影响）。

我国法律法规明确规定了一切污染企业都需执行排污申报制度。《中华人民共和国环境保护法》第二十七条明确规定：“排放污染物的企业事业单位必须依照国务院环境保护行政主管部门的规定申报登记。”国家环境保护局制定的《排放污染物申报登记管理规定》第四条规定：“排污单位必须按所在地环境保护行政主管部门指定的时间，填报排污申报登记表，并按要求提供必要的资料。”据此，环境保护行政主管部门为及时了解所辖区域内排污单位的排污状况及其变化动态，可以对排污单位已经登记的排污状况进行定期审查（如年审），并要求排污单位定期自查和申报。对排污单位违反排污申报登记年审要求的行为，应被认定为“拒报排污申报登记事项”，并可依法予以处罚。

（2）污染源普查

而在我国对重点污染源进行界定的过程中，为实现《国民经济和社会发展第十一个五年规划纲要》确定的主要污染物排放总量减少10%的目标，国务院于2008年年初开展了第一次全国污染源普查。特别的，为科学、有效地组织实施全国污染源普查，保障污染源普查数据的准确性和及时性，根据国务院第一次全国污染源普查领导小组第一次会议纪要的要求，国务院制定了《全国污染源普查条例》。其规定了全国污染源普查每十年进行一次，并明确污染源普查的任务是：掌握各类污染源的数量、行业和地区分布情况，了解主要污染物的产生、排放和处理情况，建立健全重点污染源档案、污染源信息数据库和环境统计平台，为制定经济社会发展和环境保护政策、规划提供依据（《全国污染源普查条例》，2007）。

具体来讲，污染源普查范围包括：工业污染源，农业污染源，生活污染源，集中式污染治理设施和其他产生、排放污染物的设施。其中，工业污染源普查的主要内容包括：企业基本登记信息，原材料消耗情况，产品生产情况，产生污染的设施情况，各类污染物产生、治理、排放和综合利用情况，各类污染防治设施建设、运行情况等。农业污染源普查的主要内容包括：农业生产规模，用水、排水情况，化肥、农药、饲料和饲料添加剂以及农用薄膜等农业投入品使用情况，秸秆等种植业剩余物处理情况以及养殖业污染物产生、治理情况等。生活污染源普查的主要内容包括：从事第三产业的单位的基本情况和污染物的产生、排放、治理情况，机动车污染物排放情况，城镇生活能源结构和能源消费量，生活用水量、排水量以及污染物排放情况等。集中式污染治理设施普查的主要内容包括：设施基本情况和运行状况，污染物的处理处置情况，渗滤液、污泥、焚烧残渣和废气的产生、处置以及利用情况等。

2.2.1.2 主要污染物排放的总量和浓度控制标准

浓度控制是指以控制污染源排放口排出污染物的浓度为核心的环境管理的方法体系。其核心内容为国家环境污染物排放标准。此外，还有不同行业污染物排放标准和省级污染物排放标准。中国以往的环境管理政策一直是以浓度控制为核心，至今仍然是中国污染控制的基础与主要方面。例如，中国现行的环境管理制度之一——“排污收费”是依据污染物浓度排放标准来进行收费的，“三同时”和环境影响评价等制度也都是以浓度排放标准为主要评价标准。

而污染物排放总量控制（以下简称总量控制）正式作为中国环境保护的一项重大举措，则出现在 1996 年全国人大通过的《国民经济和社会发展“九五”计划和 2010 年远景目标纲要》中。

从国际上看，浓度排放标准是促进工业环保技术进步的基本动力，没有任何一项其他措施能够达到如此广泛、深刻的作用。浓度控制政策对中国也曾起过很大作用。在过去十几年时间内，中国的污染控制战略主要是建立在污染物排放标准的基础上，即依靠控制污染物的排放浓度来实施环境政策和环境管理。但相对于浓度控制，总量控制具有以下优点：①总量控制管理的是排污单位，符合市场经济体制的规则；②总量控制能够降低污染控制成本；③总量控制严于浓度控制；④总量控制比浓度控制更能适应政策的变化；⑤总量控制更具有执行性（宋国君，2000）。因此，在实际的机制设计中，两种控制方法结合使用方能获得最为合意的成效。

表 2-1 列出了我国“十一五”与“十二五”期间设定的主要污染物排放总量的控制指标。可以看到，随着时间的推移，国家的总量排放标准正呈现出一种逐年增高的态势。

表 2-1　中国“十一五”与“十二五”期间设定的主要污染物排放总量的控制指标

指标	“十一五”	“十二五”
GDP 增速	规划指标：年均增长 7.5% 实际完成：年均增长 11.2%	年均增长 7%
单位 GDP 能源消耗降低	规划指标：20% 左右 实际完成：19.1%	16%
单位 GDP 二氧化碳排放降低	规划要求：控制温室气体排放取得成效	17%
主要污染物排放总量减少	规划要求：化学需氧量、二氧化硫排放总量比 2005 年减少 10% 实际完成：化学需氧量、二氧化硫排放量分别降低 12.45% 和 14.29%	化学需氧量和二氧化硫排放量分别下降 8%，氨氮和氮氧化物分别减排 10%

由表2-1可知，“十一五”期间，国家对化学需氧量、二氧化硫两种主要污染物实行排放总量控制计划管理，排放基数是按2005年环境统计结果确定的。当时计划，到2010年，全国主要污染物排放总量比2005年减少10%，具体是：化学需氧量由1 414万 t 减少到1 273万 t；二氧化硫由2 549万 t 减少到2 294万 t。同时，还计划在国家确定的水污染防治重点流域、海域专项规划中，控制氨氮（总氮）、总磷等污染物的排放总量。

而“十二五”期间的总量控制目标也已在“十二五”相关规划中确定，具体来讲：到2015年，全国万元国内生产总值能耗将下降到0.869 t 标准煤（按2005年价格计算），比2010年的1.034 t 标准煤下降16%，比2005年的1.276t 标准煤下降32%；“十二五”期间，实现节约能源6.7亿 t 标准煤。在减排方面，2015年全国化学需氧量和二氧化硫排放总量分别控制在2 347.6万 t、2 086.4万 t，比2010年的2 551.7万 t、2 267.8万 t 分别下降8%；全国氨氮和氮氧化物排放总量分别控制在238.0万 t、2 046.2万 t，比2010年的264.4万 t、2 273.6万 t 分别下降10%。

2.2.2 环境功能及环境质量标准

2.2.2.1 环境功能分区

在确定环境规划目标前常常要先对研究区域进行功能区的划分，然后根据各功能区的性质分别制定各自的环境目标，这种对区域内执行不同功能的地区从环境保护角度进行的划分被称为环境功能分区（区划）。

环境功能分区是近年来在我国环境治理中被采用的一个较新理念，环境功能区依据区域的社会环境、社会功能、自然环境条件及环境自净能力等确定和划分，它主要是依据区域生态系统类型的一致性，结构和功能的完整性，以及物质、能量和信息交流的紧密性，采用图形叠置法和主导标志法，将生态系统类型一致、结构和功能完整并联系紧密的生态系统划分到同一分区，确定分区方案。而其进行划分的主要目标则为：根据区域主导环境功能的类别和区域环境功能的“供给和需求”间的关系，制定相关标准和有针对性的管理政策，理顺环境功能“供给和需求”间的关系，促进区域各类环境功能的维持和持续改善，是对我国环境和资源的“分类管理”（黄宝荣、张慧智、李颖明，2010）。而当前在我国，环境功能分区的划分主要集中在水、大气及自然保护区与一般工业区、居住区等几个方面。

在环境管理中，不同的环境功能区执行不同等级的环境质量标准，如《环境空气质量标准》（GB 3095—2012）规定：自然保护区和风景名胜区执行环境空气质量标准中的一级标准，居住区、商业交通居民混合区、文化区、工业区和农村地区执行环境空气质量标准中的二级标准等。

2.2.2.2 酸雨控制区

一旦发生环境事故，其可能产生的对人类健康的影响将是巨大的。例如，酸雨通常是指表示酸碱度指数的 pH 值低于 5.6 的酸性降水。酸雨对健康的影响是多方面的，包括对人体健康、生态系统和建筑设施都有直接和潜在的危害。酸雨可使儿童免疫功能下降，慢性咽炎、支气管哮喘发病率增加，同时可使老人眼部、呼吸道患病率增加。此外，长期的酸雨会使土壤中大量的营养元素淋失，造成土壤中营养元素的严重不足，从而使土壤变得贫瘠。此外，酸雨能使土壤中的铝从稳定态中释放出来，使活性铝增加而有机络合态铝减少。土壤中活性铝的增加能严重地抑制林木的生长，从而长期影响生态环境的可持续发展。因此，对酸雨进行控制是大势所趋，我国的应对策略主要是根据某一地区的气象、地形、土壤等自然条件，在已经产生和可能产生酸雨的地区划定酸雨控制区，并要求在酸雨控制区内，新建、扩建排放二氧化硫的火电厂和其他大中型企业，超过规定的污染物排放标准或者总量控制指标的，必须建设配套脱硫、除尘设施或者采取其他控制二氧化硫排放、除尘的措施；已建企业超过规定的污染物排放标准排放大气污染物的，依法限期治理。

2.2.2.3 重金属排放总量控制

而对重金属污染而言，因大多数重金属具有可迁移性差、不能降解等特点，会在生态系统中不断积累，毒性不断增强，从而导致生态系统的退化，并通过食物链影响人体健康。例如，铅可以抑制血红蛋白合成，导致溶血性贫血；其对神经系统有较强的亲和力，尤其儿童脑组织对铅敏感，受害尤其严重。铅通过血液循环分布到人体各组织器官，90%以不溶性的磷酸铅沉淀于骨骼，造成机体的铅中毒。有些重金属元素是人体代谢所必需的，一般不会造成对机体的危害，但过量摄入，便会对人体产生明显的毒害作用。例如，锌是参与免疫功能的一种重要元素，但是大量的锌能抑制吞噬细胞的活性和杀菌力，从而降低人体的免疫功能，使抵抗力减弱进而危害人类健康。大多数有毒重金属会在机体的肝脏等器官内累积，且半衰期长，很难排出体外，长期少量摄入可以产生慢性毒性反应，也可能有致畸、致突变、致癌的潜在危害。日本在20世纪五六十年代出现的“水俣病”、“骨痛病”等奇怪病症就是由于汞和镉污染而引起的重金属中毒。故而，重金属是土壤污染中最重要的污染物质之一。在重金属污染的控制方面，《重金属污染综合防治“十二五”规划》提出了“十二五”期间重金属污染防治的具体目标，要求到2015年，重点区域的重点重金属污染排放量比2007年减少15%，非重点区域的重点重金属污染排放量不超过2007年的水平，重金属污染得到有效控制。这是我国首次提出重金属总量控制的目标（李志勇，2010）。这意味着重金属污染防治将采取总量控制与浓度控制相结合的思路。

2.2.2.4 值得参照的环境保护标准

世界卫生组织曾推荐确保人类健康的污染物质量浓度标准（表2-2）。

表2-2 世界卫生组织主要污染物质量浓度标准（2006）

名称	3年平均/(μg/m³)	24小时平均/(μg/m³)
$PM_{2.5}$	10	25
PM_{10}	20	50
臭氧（O_3）	8小时平均/(μg/m³)	
	100	
二氧化氮（NO_2）	年平均/(μg/m³)	1小时平均/(μg/m³)
	40	200
二氧化硫（SO_2）	24小时平均/(μg/m³)	10分钟平均/(μg/m³)
	20	500

其中，对二氧化硫与NO_2的限定与酸雨的控制息息相关。在重金属方面，可以同欧盟的食品重金属标准进行一个比较（表2-3～表2-5）。

表2-3　我国与欧盟各类食品中铅限量标准比对

中国		欧盟	
食品名称	限量MRLs/(mg/kg)	食品名称	限量MRLs/(mg/kg)
鲜乳	0.05	原牛奶，热处理牛奶，用于制作奶制品的牛奶	0.020
婴儿配方粉（乳为原料，以冲调后乳汁计）	0.02	婴儿配方奶、较大婴儿配方奶	0.020
畜禽肉类	0.2	牛、羊、猪、家禽的肉（不包括下水）	0.10
可食用畜禽下水	0.5	牛、羊、猪、家禽的下水	0.50
鱼类	0.5	鱼肉	0.30
—	—	甲壳类，不包括褐色蟹肉、龙虾及类似大甲壳类的头和胸腔肉	0.50
—	—	双壳软体动物	1.5
—	—	无内脏的头足类动物	1.0
谷类、豆类	0.2	谷类、豆荚和豆类	0.20
蔬菜（球茎、叶菜、食用菌类除外）	0.1	蔬菜，不包括芸薹类蔬菜、阔叶蔬菜、新鲜香草和真菌类，对于土豆，最高限量适用于剥皮后的土豆	0.10
球茎蔬菜、叶菜类	0.3	芸薹类蔬菜、阔叶蔬菜和如下真菌：双孢蘑菇（普通蘑菇）、平菇、香菇	0.30
水果	0.1	水果，不包括草莓和小水果	0.10
小水果、浆果、葡萄	0.2	草莓和小水果	0.20
—	—	脂肪和油，包括奶脂	0.10
果汁	0.05	果汁，浓缩水果汁，水果饮料	0.050
果酒	0.2	酒（包括发泡酒，利口酒除外），苹果酒、梨酒和水果酒	0.20
—	—	醇香酒、醇香酒类饮料，鸡尾酒	0.20
—	—	食品补充剂	3.0
薯类	0.2	—	—
鲜蛋	0.2	—	—
茶叶	5	—	—

表 2-4　我国与欧盟各类食品中镉限量标准比对

中国		欧盟	
食品名称	限量 MRLs/(mg/kg)	食品名称	限量 MRLs/(mg/kg)
畜禽肉类	0.1	牛、羊、猪、家禽的肉（不包括下水）	0.050
		马肉（不包括下水）	0.2
畜禽肝脏	0.5	牛、羊、猪、家禽、马的肝脏	0.50
畜禽肾脏	1.0	牛、羊、猪、家禽、马的肾脏	1.0
鱼类	0.1	鱼肉（不包括鲣鱼、双带重牙鲷鱼、鳗鱼、灰鲻鱼、鲭鱼或竹荚鱼、鲭科鱼、鲭鲭鱼、沙丁鱼、拟沙丁鱼、金枪鱼、鲽鱼、圆花鲣、凤尾鱼、旗鱼）	0.050
	0.1	鲣鱼、双带重牙鲷鱼、鳗鱼、灰鲻鱼、鲭鱼或竹荚鱼、鲭科鱼、鲭鲭鱼、沙丁鱼、拟沙丁鱼、金枪鱼、鲽鱼	0.10
	0.1	圆花鲣	0.20
	0.1	凤尾鱼、旗鱼	0.30
—	—	甲壳类，不包括褐色蟹肉、龙虾及类似大甲壳类的头和胸腔肉	0.50
—	—	双壳软体动物	1.0
—	—	无内脏的头足类动物	1.0
—	—	谷类（不包括糠、麸、小麦、稻米）	0.10
—	—	糠、麸、小麦、稻米	0.20
—	—	大豆	0.20
水果、其他蔬菜	0.05	蔬菜、水果，不包括叶类蔬菜、茎类蔬菜、根类蔬菜、新鲜香草、真菌类和土豆	0.050
根茎类蔬菜（芹菜蔬菜）	0.1	茎类蔬菜、根类蔬菜、土豆，不包括块根芹，对于土豆，最高限量适用于剥皮后的土豆	0.10
叶菜、芹菜、食用菌	0.2	叶类蔬菜、新鲜香草、块根芹，以下真菌类：双孢蘑菇（普通蘑菇）、平菇、香菇	0.20
—	—	真菌类，不包括双胞蘑菇（普通蘑菇）、平菇、香菇	1.0
—	—	食品补充剂，不包括由干海藻或其衍生品制成的食品补充剂	1.0
—	—	专门或主要由干海藻或其衍生品制成的食品补充剂	3.0
鲜蛋	0.05	—	—

表 2-5　我国与欧盟各类食品中汞限量标准比对

中国		欧盟	
食品名称	限量 MRLs/（mg/kg）	食品名称	限量 MRLs/（mg/kg）
鱼（不包括食用鱼类）及其他水产品	0.5	渔业产品，鱼肉（不包括琵琶鱼、大西洋鲶鱼、鲣鱼、鲷鱼、鳗鱼、鳕鱼、大比目鱼、岬羽鼬鱼、枪鱼、鲽鱼、鲻鱼、粉色鼬鱼、狗鱼、平鲣、细鳕、葡萄牙角鲨、鳐鱼、鲑鱼、旗鱼、带鱼、鲱海鲷、鲨鱼、蛇鲭鱼、鲳鱼、鲟鱼、金枪鱼） 最高限量适用于甲壳类，不包括褐色蟹肉、龙虾及类似大甲壳类的头和胸腔肉	0.50
食用鱼类（如鲨鱼、金枪鱼及其他）	1.0	琵琶鱼、大西洋鲶鱼、鲣鱼、鲷鱼、鳗鱼、鳕鱼、大比目鱼、岬羽鼬鱼、枪鱼、鲽鱼、鲻鱼、粉色鼬鱼、狗鱼、平鲣、细鳕、葡萄牙角鲨、鳐鱼、鲑鱼、旗鱼、带鱼、鲱海鲷、鲨鱼、蛇鲭鱼、鲳鱼、鲟鱼、金枪鱼	1.0
—	—	食品补充剂	0.10
粮食（成品粮）	0.02	—	—
薯类（土豆、白薯）、蔬菜、水果	0.01	—	—
鲜乳	0.01	—	—
肉、蛋（去壳）	0.05	—	—

2.2.3　自我学习并持续改善

在各级政府制定其减排目标的过程中，我们可以发现存在政府依照历史减排效果自我学习并对未来目标的设定持续改善，愈发符合经济社会发展需要与自身能力的现象。

这里，所谓的“自我学习”事实上包含了两种含义，分别为政府依照自身过往目标设定与执行情况中出现的各种问题而逐步改善的“个体层面学习”；各同级政府间通过彼此目标制定与实施情况的比较，彼此受到“同侪压力”而不断优化自身环保表现的“集体层面学习”（Lehtonen，2005）。

个体层面学习是集体层面学习的必要而非充分条件（Waters et al.，1999；Bernd，2002）。个体在学习过程中会对他们在对以往治理成绩进行评估过程中获得的经验与信息进行分析，以确认或重建他们先验的信念与预期。在政府切实参与这一自我学习的过程中，他们将因此在估值与合作领域学习到新的技能，或哪怕仅只更为用心地去追求将本职工作做得更好（Forss，Rebien 和 Carlsson，2002；Henry 和 Mark，2003）。

集体层面学习则是通过同级机构间的比较与讨论来使自身的行政水准得到提升的另一种途径。在集体层面的学习中，"同侪压力"所产生的作用是巨大的。毕竟，很少有哪个政府不关心自己在公众乃至更高层决策者眼中的风评，故而，这种集体层面的学习机制倘能存在，将是一种非常好的促进绩效的手段，特别是对于那些相对"落后"的政府与机构而言（Strang 和 Chang，1993）。

而以上这两种学习模式的存在对于现实政策层面的指导意义为：中央政府理当加强对各地方行政目标设定的监督并促成目标实现情况的横向比较。国际组织曾在国际层面如 OECD 国家试行这样的比较学习机制，其做法值得中国政府加以借鉴（Lehtonen，2005）。

此外，我国还有一种特殊的"自我学习"机制——对"国家环境保护模范城"称号的申请与创办，其为国家环保局根据《国家环境保护"九五"计划和 2010 年远景目标》而提出的。它涵盖了社会、经济、环境、城建、卫生、园林等方面的内容；涉及面广、起点高、难度大，只有具备一定前置条件的城市才能提出创模申请。特别的，因其创建与否取决于由各地方政府主动申请，该环保荣誉称号亦能对政府自我学习、向榜样城市靠拢并对未来目标的设定持续改善这一进程做出有益的贡献。

2.3 资源配置

2.3.1 中央地方利益一致假设条件下的环保资源最优配置模型

在考虑如何最优分配环保资源这一课题时，为将问题简化，经济学上一般会采用假定中央政府与地方政府利益一致的假设，即假设其效用函数一致。因此，如果政府在价值观上是一个功利主义的政府，我们现在面临的问题就转化为在资源限定条件下如何达成社会总福利的最大化。

那中央政府应如何将自己有限的人力、物力资源分配给不同的地方政府以实现社会总福利的最大产出呢？最终的结论应当是，每一个地方政府的边际环境投入收益都彼此相等时，此最大化的社会福利将能够实现，而这一结论可以用拉格朗日乘数法加以证明。

为了分析的方便，我们假定中央政府仅管辖两个地方政府 X、Y，由于财政支出是既定的，增加 X 的环保投入就必须减少 Y 的环保投入，环保投入的变化，必然引起它们的边际效用的变化。也就是说，如果中央政府发现多投入一单位环保资源在一个地方政府上取得的增加的效用（边际效用）不如多投入一单位在另一地方政府取得的增加的效用大，它就会改变主意，把取得边际效用较小的那种环保投入转移到较大的边际效用的地方政府手中。而由于这种转移，原来边际效用较小的地方政府，现在可能变得具有较大的边际效用了，而原来边际效用较大的地方政府，现在可能变得具有较小的边际效用。如果后者的边际效用小于前者，那么，就会再次发生支出转移的情形，这样，中央政府根据边际效用的大小，自由地改变对各地方政府的投入，最后，必会达到一种最优的资源分配状态，使中央政府做的每一笔环保投入都取得相等的边际效用，并使总效用达到最大。此时

$$MU_X = MU_Y$$

式中 MU_X 和 MU_Y 分别表示 X、Y 两地方政府环保资源投入的边际效用。

另外，我们进一步考虑，对单一地方政府而言，中央政府如何分配环境保护的各生产要素（人力 L、资本 K）方能实现社会总福利的最大化。还是先做一些简单化的假设：环保建设的产出形式符合柯布—道格拉斯方程，则有 $Y = K^a L^b$；若 $a + b = 1$（规模收益不变），则运用简单数学推导可得出结论，最终最有效的人力和资本分配形式应当为

$$P_K K = \frac{a}{(a+b)} T;\ P_L L = \frac{b}{(a+b)} T$$

式中：P_K为资本价格，P_L为劳动力工资，T 为政府所能够投入到环境保护领域的总资源，a，b 分别为资本产出和劳动产出的弹性系数（Mas-Colell，Whinston 和 Green，1995）。

以上分析在总体上为中央政府如何在各地方政府间、各资源间实施合理分配

提供了一个作为基准的理论参考。

2.3.2 地方间竞争假设条件下的环保资源使用效率评价（DEA）

假如我们认为，在实际的政治经济生活中，地方政府间存在以环境绩效为载体的竞争行为，则采用 DEA 模型来衡量此时的环保资源使用效率较为恰当。

DEA 方法（数据包络分析方法）是前沿效率分析法中的一种，其被广泛用于评价具有多个投入和多个产出的部门的效率核算，而且是一种非参数的效率评价方法，没有对生产函数以及模型的设定进行过多的假设（Banker，Charnes 和 Cooper，1984；Charnes，Cooper 和 Rhodes，1978）。更具体的，这一方法有三大优点（冯彦妍，张建新，2010）：①DEA 方法确定的权重是从决策主体（如学校或者本书中的地方政府）最优化的角度，以各决策主体输入输出的权重为变量进行评价，即 DEA 方法因并不需要设定指标的权重，避免了权重的主观性；②DEA 方法在没有投入和产出之间的显式表达式的情况下，就可以衡量每个决策主体的综合效率；③DEA 方法能够定量地对多个评价指标进行综合处理，综合全面地利用数据，避免了单个评价指标的局部性和片面性。正是由于这些特性，近年国内许多包含多变量输入和输出的决策模型研究多采用了数据包络方法。这也是我们推荐在地方间竞争假设条件下的环保资源使用效率评价过程中采用这一方法的原因。当然，DEA 方法也有自己的缺点：它所衡量的生产函数边界是确定性的，因此，所有随机干扰项都被看成效率因素。同时，该方法的评价容易受到极值的影响，但这并不影响其成为我们目前所能选择的最有效率的评价方式之一。

DEA 最初由 Charnes 等（Charnes，Cooper 和 Rhodes，1978）提出，是为第一个 DEA 模型——CCR 模型。后 Banker 等（Banker，Charnes 和 Cooper，1984）改变 CCR 模型中规模收益不变的假定，改为规模收益变动的假定，是为 BCC 模型。发展到目前为止，最具代表性的 DEA 模型有 CCR、BCC、FG 和 ST 模型。其中，FG 模型假定规模收益递减，ST 模型假定规模收益递增。DEA 能计算分配效率和技术效率，后者又可分解为规模效率（scale efficiency）和纯技术效率（pure technical inefficiency）。各个模型均有投入导向（input-oriented）和产出导向（output-oriented）两种形式，模型可设定为规模收益不变（CRS）和规模收益可变（VRS）。产出导向的DEA模型设定为给定一定量的投入要素，求取产出值最大。反之，投入导向的DEA模型是指在给定产出水平下使投入成本最小。

倘若使用文字语言来描述，DEA模型的意义在于，其根据所有决策主体的投入产出情况构建了一个生产可能性前沿面（production possibility frontier）。如果某一决策主体的生产落于该前沿面上，他们的综合效率值相应为1，即被认为DEA有效。如果某一决策主体的生产落在该前沿面以内，他们的综合效率值在0和1之间，DEA效率相对比较低。

如果我们要将DEA模型应用到地方间竞争假设条件下的环保资源使用效率评价上，可能涉及的变量中，投入指标的选择多从资源投入量、固定资产规模、营运资金、劳动力成本、劳动力人数等方面设置；而产出指标涉及GDP、营业收入、利润、废水、废气和固定废弃物的排放等。因为DEA模型在投入、产出指标的选择中具有一定的随意性，在有条件约束的情况下。如何选择合适的投入产出指标，相关的文献较少探讨且缺乏统一标准。实际操作中，可结合环境治理的目标，有针对性地将考核目标涉及的投入产出指标纳入DEA模型中，或结合专家评分法，确定合适的投入产出指标，避免指标选择的随意性。

借由以上分析可以看出，DEA是分析地方政府环保投资效率的一个较合意手段。

2.3.3 环保资源使用效率的微观分析（边际减排成本）

在探讨环保资源的配置时，我们一般考虑的是应采用什么样的经济制度来指导环保资源的最优配置。为构建简单的基础模型，经济学家一般会采用中央地方利益一致的假设。

在这种前提条件下，当代经济学的研究成果已经证明，在很多情况下，基于市场机制的环境调控方法在效果上可能优于传统的管制方法。其原因为：首先，中央计划经济体制不可能获得维持经济运行所需的信息，要让计划经济有效运行，中央计划当局就必须掌握有关污染者技术和成本等方面的信息；其次，即使能够搜索到相关信息并且也有求解最优配置的能力，等到计划当局解出联立方程组时，污染者技术等方面的条件也可能会随着时间的流逝而发生变化。哈耶克（Hayek）于1945年在《美国经济评论》上发表了一篇题为《价格制度是一种使用知识的机制》的论文。他进一步强调中央计划当局缺乏必要的信息，有效配置资源所需的价格及成本信息只有通过市场过程本身才能够获得。因此，总量控制、交易排放权等市场方法，能比中央整治、设定目标更好地利用这些信息。

当然，如果我们采用了类交易排放权的环境资源配置方法，同样会遇到种种问题。例如，同传统征收环境税的治理方式相比，此方法的技术激励相应较低；不能为政府创造税收收入；当市场中企业数目较少时，企业将面临不完全竞争的情况，从而不能实现理论上的最优配置结果。而在 Weitzman1974 年发表的论文中，讨论了当 MCC（边际成本曲线）与 MDC（边际需求曲线）具有不确定性的时候，使用价格手段和使用数量控制手段哪个能造成较小的经济损失。

在确定了政府可能采用的总体环境资源分配的最优经济机制后，我们进一步要考虑的是，当在经济社会中存在多个污染源，这些污染源（如工厂）控制污染的成本又彼此不同时，政府应如何在各污染源之间分配污染排放量，方能达到成本有效配置的问题。

不妨假设有两个污染源，共排放 30 单位污染物。环保局决定要减少 15 个单位污染物，这 15 个单位的减少如何在两个污染源之间分配，以使全社会减少的总成本最少？

图 2-1 中，横轴表示污染控制量或减少量，第一污染源的边际控制成本（MAC_1）从左向右越来越大，第二污染源的边际控制成本（MAC_2）从右向左越来越大。两污染源总共 15 个单位的污染减少量。横轴上的每一点代表两个污染源减少量的组合。例如，最左边一点代表第二污染源承担全部削减，最右边一点代表第一污染源承担全部削减。两条控制成本曲线的交点决定成本有效配置。在

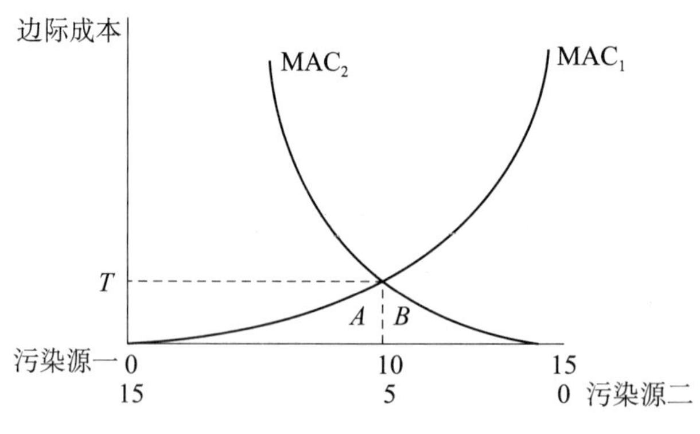

图 2-1　成本有效配置图

成本有效配置点，第一污染源削减 10 个单位排污量，第二污染源削减 5 个单位排污量。总控制成本 = 面积 A + 面积 B。任何其他配置的总成本将更高。污染控制的这种分配是在给定两污染源的控制成本曲线的情况下使成本最小的最优配置。

把这个原则扩展到很多污染源的情况即可发现，污染控制的最重要的经济原则是：只有当所有排污者的边际控制成本相等时，控制污染的总成本才会最小。

当然，我们也可以从每一个生产污染者的行为出发，运用基本的经济学知识，对经济政治生活中的微观个体的环保资源使用效率进行分析。

在企业决定其自身的环境保护投入与环保力度时，最为重要的影响因素即为其边际成本的大小。控制污染是一项昂贵的事业。对于污染，企业面临着若干选择，例如，是购买昂贵的设备对污染进行控制，以达到有关标准；是减少产量以减少污染量；还是关门大吉。企业需要比较各种成本，做出选择。我们首先需要知道：①边际控制成本怎样随控制的程度而变化，②边际损害成本怎样随污染物的排放量而变化。通常，污染的边际损害成本随污染物排放量的增加而增加。由于环境可以很容易地吸收少量污染，当排放量小时，边际损害也小，当排放量大时，边际排放量造成的损害可能很大。边际控制成本的形状则相反，通常随控制量（污染减少量）的增加而增加，随污染量的增加而减少。或者说，污染水平越低，进一步减少污染的成本越高。

把两种成本放在一起（图 2-2）：

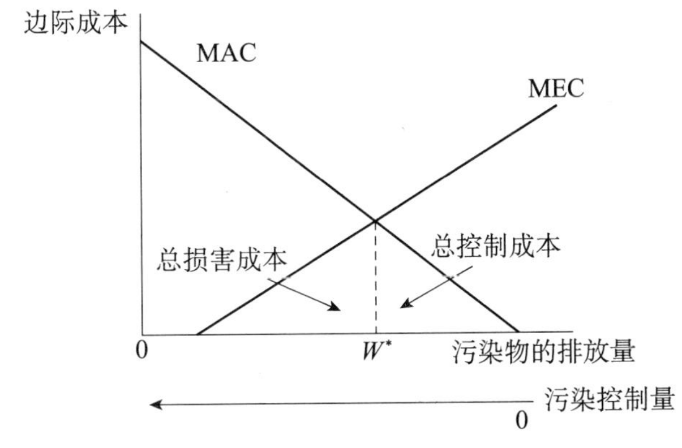

图 2-2　最有效率的控制水平

MAC 表示边际控制成本，MEC 表示边际损害成本。从左向右表示更多的污染排放。从右向左则表示更多的控制，更少的污染排放。MAC 从右向左看，MEC 从左向右看。最有效率的控制水平或污染排放量是总成本（总损害成本加总控制成本）最低的控制水平或污染排放量。W^* 代表有效配置。当边际污染物所造成的边际损害等于避免这些损失的边际成本时，即 MAC = MEC 时达到最优污染。W^* 左面的点（更多的控制）不是最有效率的，因为控制成本的增加超过损害的降低，因此，总成本会上升。同样，低于 W^* 的控制（W^* 右边的点）使控制成本降低，但增加的损害成本会更高，从而也使总成本上升。所以，只有当边际控制成本等于边际损害成本时，总成本最低，即 W^* 是最有效率的。当然，以上的经典经济学模型仅在特定的假设条件下成立，现实经济生活中的种种不确定性与资源、时间约束等都可能会显著地改变模型的结果。

2.4 评价主体参与

显然，对环境绩效的种种分析都不能缺少环境主体参与情况的讨论。我们将分“污染主体参与”、“管理部门参与”、“多主体环境参与”三方面进行论述，并在最后就环境质量、生活质量与和谐社会之间的关系做简要的探讨。

2.4.1 污染主体参与环境绩效评估

对企业社会责任的关注正在成为现代企业竞争的新潮流。美国经济伦理学家乔治·恩德勒曾提出，企业社会责任应包含三个方面：经济责任、社会责任和环境责任。其中，环境责任主要是指“致力于可持续发展——消耗较少的自然资源，让环境承受较少的废弃物”。随着可持续发展理念的推广，把环境责任纳入企业社会责任领域已经成为一种共识。因此，当我们在今日谈及污染主体对环境绩效评估的参与时，往往意指企业理当在环境绩效评估中承担怎样的职责（乔治·恩德勒，2002）。其实，早在 1999 年瑞士达沃斯世界经济论坛上，时任联合国秘书长安南就已经提出所谓“全球协议（UN Global Compact）”，并于 2000 年 7 月在联合国总部正式启动（Compact and Actions，2005）。该协议号召公司遵守的社会责任中，包含可持续发展的要求，即企业应对环境挑战未雨绸缪；主动增加对环保所承担的责任；鼓励无害环境科技的发展与推广。

虽然传统观念以为，企业作为经济主体，其首要责任是为社会提供合格的产品和服务，以获取最大限度的利润（这是企业生存之本）。因此有人相信，企业承担环境的社会责任会影响企业的经济利益，从而影响企业的生存。但是从长远角度看，企业环境的社会责任是与其经济利益紧密结合的，并且可以成为现代企业竞争力的源泉——从企业生产经营活动的各个环节来分析，企业会因为承担环境的社会责任而赢得竞争优势（这也是有远见的国际知名大企业对环境责任非常重视的原因之一）；企业相关的利益团体也越来越重视企业运作对经济以外的环境和社会方面造成的影响；此外，如前文所述，金融市场也需要了解有关企业在环境与社会方面的信息。环境绩效评估可在考虑环境因素下，增加对企业内部活动、产品与服务的了解；可评估出企业运作带来的成本与利益；在显示企业的环境绩效外，亦可达到资源的有效分配及作为企业内部员工与企业外部利害相关者沟通的基础。总体来说，环境绩效评估系统可以通过企业经营者、投资者与政府等相关利益团体的不同角度，以系统和整体的方法体现企业可持续发展的架构（谢芳和李慧明）。

因此，部分国家推行了相关法令，规范企业申报环境绩效及其他非金融性绩效，这也成为企业参与环境绩效评估的主要方式。目前国外具有参考价值的案例如：

（1）美国的国家环境表现跟踪计划（National Environmental Performance Track Program，TEPT）规定成员企业有关环境绩效报告的框架以全球报告指南（Global Reporting Initiative，GRI）为基础，每年都必须向美国环保局及公众提交一份年度环境绩效报告。

（2）日本的《环境报告书准则》由环境省于2001 年2 月23 日发布，其促进了环境报告书的公开并加强了其可比性。环境报告书要通过环境绩效评估展现企业环境管理的业绩。

（3）挪威及瑞典政府立法规范企业环境年报信息。

而目前在我国，因为政府绩效评估体系本身尚未能完好建立等原因，企业参与环境绩效评估的方式尚未制度化、明确化。企业所需承担的环境信息申报义务仅为向上级管理机关提供自己的生产情况与污染情况，缺少撰写报告或上报综合指标的要求。

2.4.2 管理部门参与环境绩效评估

各级政府的环境管理部门理当成为环境绩效评估制度的主要设定者与监管者。事实上，国外的很多绩效评估制度同时对污染企业和管理部门的行为与职责进行了明确的规定，由管理部门为企业上交环境报告书进行监督、复查与实施奖励和整改，此外，管理部门还往往负责对政府重大提案、法律草案、建议报告中的环境潜在影响进行评估等（丁玮，2003）。

在我国，管理部门对环境评估的参与往往停留在极为简单的监管与处罚阶段。特别地，在当前阶段，就我国政府环境绩效评估而言，其面临着以下众多问题：

（1）观念意识落后。中国环境文化促进会2009年发布的《中国公众环保民生指数（2008）》表明，我国公众的环保意识、环保行为均不合格。环保意识总体得分为44.5分，环保行为得分为37分（张业修，2009）。目前，政府绩效评估和管理尚未在全国全面推开，大多数地区还是采用传统的考核方式，以公务员个人总结代替部门考核，以年度会议代替绩效目标制定，以单项评比检查代替综合绩效评估。

（2）政府绩效评估缺乏统一的政策指导和法规保障。我国地方政府绩效评估实践十几年来一直处于自发状态，工作的启动和开展主要取决于地方政府领导人对这项工作的认识程度。目前还没有出台全国性的政策法规，造成地方政府绩效评估工作的持续性不强，经验交流和推广不够，评估实践的广度、深度和力度受到严重影响。

（3）绩效评估指标体系极不健全。全国各地普遍存在制定政绩考核标准时，一味追求经济增长，以GDP高低论政绩好坏，不能很好地处理经济建设与社会发展和环境保护的关系，存在忽视社会事业发展和环境保护问题。

（4）绩效评估的科学化程度不高。绩效评估的主体主要是上级行政机关，社会公众参与较少；评估的内容重工作过程成果，尚未深入到对工作最终效果的评估；评估方式多为“运动式”、“评比式”，持续性和规范性不强；政府绩效评估的封闭性、神秘性、主观性较强，透明度、公开化和客观性还不够，缺乏必要的社会监督和制约。

（5）绩效评估理论对实践的引导力度不够。我国政府绩效评估的理论研究起步较晚，一些研究主要限于对国外绩效评估理论的介绍和评鉴，对中国政府绩效评估的实践总结提炼不够，中国特色的政府绩效评估理论体系尚未形成。

作为管理部门参与环境绩效评估的一种创新性尝试，环境保护部曾在 2009 年决定，与耶鲁大学、哥伦比亚大学合作开展“中国省级环境绩效评估”项目，试图开发一套既能与国际接轨，又符合中国国情的环境绩效评估体系，但最终迟迟未能有实质性的结果呈现，不了了之。

2.4.3　多主体环境参与的制度保障

在当今信息社会的前提条件下，对于环境绩效而言，政府环境信息公开、上市公司环保披露体系等举措的配套实施对充分发挥提高环境管理水平和促进环境相关指标持续改进的作用能起到至关重要的促进效果。

在政府环境信息公开方面，国家环境保护总局曾于 2008 年颁布《环境信息公开办法》（以下简称《办法》），其中规定环保部门应当遵循公正、公平、便民、客观的原则，及时、准确地公开政府环境信息等内容。

但事实上，虽然《办法》的实施已经 6 年有余，其执行效果却堪忧。在《办法》规定的 17 大类环境信息中，有一大半实际上都已经公布过了，而未公开的那一小半当中，包括公民希望知晓的信息，如自己周边环境质量状况如何，许可审批项目涉及的环境影响特别是对健康的影响以及企业守法、行政执法等信息，总之是公众希望知道的与个人切身利益相关的资料却仍旧不能为公众获得。很多时候，本来是不应保密的信息，行政机关工作人员由于拿捏不准，甚至存在主观倾向性，不应该保密的信息被保密的现象确实普遍存在，而这种“被保密”比较常见的表现形式就是拒绝、拖延、找借口。

在上市公司环保披露方面，为促进上市公司特别是重污染行业的上市公司真实、准确、完整、及时地披露相关环境信息，增强企业的社会责任感，国家环保总局曾在 2008 年计划与中国证监会一道建立和完善上市公司环境监管的协调与信息通报机制。

按照《环境信息公开办法（试行）》等有关规定，由国家环保总局（现为环境保护部）负责推进和监督上市公司公开环境信息。地方各级环保部门应当将未按规定披露环境信息的上市公司名单，逐级上报国家环保总局，同时依法严格保守公司的商业秘密和技术秘密。国家环保总局将按照上市公司环境信息通报机制，对未按规定公开环境信息的上市公司名单，及时、准确地通报中国证监会。由中国证监会按照《上市公司信息披露办法》的规定予以处理。特别地，当发生可能对上市公司证券及衍生品种交易价格产生较大影响且与环境保护相关的重大事件，而投资者尚未得知时，上市公司应当立即披露，说明事件的起因、目前的状态和可能产生的影响。而早在 2008 年，中国证监会曾与原国家环保总局探讨并尝试建立“绿色证券”机制。作为对建立上市公司环境信息披露机制的积极探索，该机制明确表示将对上市公司陆续树立三道环境门槛——“上市公司环保核查”、“上市公司环境信息披露”、“上市公司环境绩效评估”，要求原环保总局可以将没有及时披露环境信息的企业名单上报给中国证监会，但没有对所有上市公司的环境信息进行强制性披露。直到 2010 年，环境保护部发布《上市公司环境信息披露指南》（征求意见稿）（以下简称《指南》），才开始要求发生突发环境事件的上市公司，须在事件发生 1 天内发布临时环境报告，将上市公司环境信息披露工作缓慢地向前推进。

而环保部此次发布的《指南》则明确指出，该文件对所有 A 股公司适用，其中，16 类重污染行业企业必须发布年度环境报告，定期披露污染物排放情况、环境守法、环境管理等方面的环境信息。虽然这次《指南》的颁布已经可以算是政府决心的体现，也具备一定的正面意义，但《指南》毕竟只是环保部单方面下发的文件，如果不能提升到法律层面，明确违法企业所承担法律责任，可能和“绿色证券”机制一样，难以有实际效果。而“对于上市公司环境信息的强制性披露涉及相关法律的修改”，比如说《公司法》中关于上市公司信息披露的条文、《刑法》中对违反环境信息披露的相关责任人的刑罚，因这些法律是由全国人大常委会或全国人大制定的，要想对其进行修改，程序比较复杂。

不能不承认，多主体环境参与的制度保障在当今的中国，前景尚未光明。

2.4.4 环境质量、生活质量与和谐社会

提及环境质量与和谐社会之间的关系：恶劣的环境将使人内心的幸福感下降，下降的幸福感影响个体生活质量，进而，当被影响的个体数量达到一定程度，对社会的和谐稳定将产生负面的影响——这是我们能普遍直观感受得到的毋庸置疑的一点。此外，我们还应知道，环境保护涉及人与人的物质利益关系和谐和人与自然和谐两个问题。因此，当我们从物质利益关系来看会发现，环境污染的最大受害者往往是低收入人群。因为他们没有能力使自己从污染中获得收益补偿，健康受到损害也不能得到良好的保健康复。从这个意义上来说，环境污染加大了社会物质利益关系的不平衡，从而与和谐社会背道而驰。从人与自然的关系来看，环境污染破坏了自然界的平衡，降低了经济社会发展的可持续性。因此，总的说来，环境保护是和谐社会建设的重要任务。

和谐社会理当是一个充满活力的可持续发展社会，可持续发展又要求我们实现经济发展、环境保护与社会稳定相平衡。所以，尊重自然、善待自然，拜自然为师、循自然之道，保护自然、改善自然，是我们义不容辞的责任；尊重自然的睿智，实现与环境的共生，也是我们生存发展的必需。切实地提高我们所身处的自然环境质量，将能为我们生活质量的提升提供基础，也将有力地促进和谐社会的达成。

第3章

基于绩效的环境管理制度

3.1 环境目标责任制

环境目标责任制是为减少资源和能源的浪费，控制污染物的排放量，加快污染治理，促进经济建设与环境保护协调发展制定的一项环境管理制度，是环境目标计划管理的内容之一，各主要国家的相关法律规定大同小异。环境目标责任制在我国环境管理制度中具有重要作用，是各项考核评价制度实施的基础。新《环境保护法》是我国实施环境目标责任制最根本的法律依据。新《环境保护法》第二十六条明确规定："国家实行环境保护目标责任制和考核评价制度。县级以上人民政府应当将环境保护目标完成情况纳入对本级人民政府负有环境保护监督管理职责的部门及其负责人和下级人民政府及其负责人的考核内容，作为对其考核评价的重要依据。考核结果应当向社会公开。"第二十七条规定："县级以上人民政府应当每年向本级人民代表大会或者人民代表大会常务委员会报告环境状况和环境保护目标完成情况，对发生的重大环境事件应当及时向本级人民代表大会常务委员会报告，依法接受监督。"

围绕环境目标责任落实，国家环境保护主管部门会根据不同区域经济社会发展特征、环境污染状况和治理基础等，确定不同区域的量化环境目标。各省在国家分配的目标基础上，对主要的污染控制指标及相关责任层层分解。这样从中央到地方建立了层层分解落实、上级政府考核下级的环境目标责任管理制度，确保国家各项方针政策逐一得到落实。此外，国家环境保护主管部门除了将环境目标责任分解落实到各级政府之外，针对中国石油、中国石油化工等八大中央直管企业，也会制定专门的环境目标分解责任，并以目标责任书的方式予以明确，再由各大央企将相关目标指标分解落实到大大小小的公司。目前，环境目标责任制已经成为我国环境管理的一项基本制度，在全国各个层面得到了落实。

为了扭转过去那种“唯 GDP”发展观念，推动经济结构转型，党的十八大以来，中央政府加大了资源环境保护目标在各级政府和领导干部绩效评价中的权重。中国共产党“十八大”明确提出要将资源消耗、环境损害、生态效益等纳入现行的经济社会发展评价体系，建立体现生态文明要求的目标体系、考核办法、奖惩机制。党的十八届三中全会又进一步提出了建立系统完整的生态文明制度体系，对领导干部实行自然资源资产离任审计，建立生态环境损害责任终身追究制的最新要求。资源环境目标在各级政府和党政领导干部绩效考核中的比重大大增加，必将推动过去那种粗放和以牺牲资源环境为代价推动经济增长的错误发展理念转型。

3.2 城市环境综合整治定量考核

城市环境综合整治定量考核制度，指在城市政府的统一领导下，以城市生态学理论为指导，以发挥城市综合功能和整体最佳效益为前提，为保护和改善城市总体环境，对制约和影响城市生态系统发展的综合因素，采取综合性的对策进行整治、调控，对城市政府在推行城市环境综合整治中的活动予以管理和调整的一项环境管理制度。

自 1989 年开始，国家环保局对直辖市、省会城市及大连、苏州、桂林共 32 个城市实施定量考核（以下简称“城考”）；1992 年又增加了青岛、宁波、厦门、深圳、重庆 5 个计划单列市，考核城市达到 37 个。同时，各省、自治区也组织开展了对下辖区城市的考核。1996 年起国家直接考核城市达到 47 个。2002 年，重点城市的范围扩大至 113 个。2004 年，国家环保总局制定了《全国城市环境综合整治定量考核指标填报审核操作规范（试行）》，以进一步规范各地的“城考”工作。为体现分类指导，同时加强省级环保部门“城考”工作的领导职能，由省、自治区环保部门对所辖城市进行“城考”会审排名。2004 年全国正式上报“城考”结果的城市达到500个，占我国城市总数的76%。进入“十二五”以来，城市环境综合整治定量考核的范围已经覆盖到了全国所有城市，包括4个直辖市，287个地级市和364个县级市。655个城市全部纳入2011年度城市环境综合整治定量考核。

3.2.1 考核范围

（1）全市域：包括城区、郊区和市辖县、县级市。

（2）市辖区：包括城区、郊区，不包括市辖县、县级市。

（3）建成区：按建设部《城市建设统计指标解释》，“十二五”期间城市环境综合整治定量考核的建成区范围，是指市辖区建成区。

3.2.2 考核内容

根据环境保护部发布的《“十二五”城市环境综合整治定量考核指标及其实施细则（征求意见稿）》，“十二五”城市环境综合整治定量考核仍延续采用基于核心指标定量考核的方式，具体是由环境保护部制定统一的考核指标及考核办法。在具体的考核指标设置上，“城考”指标有一个不断演进的过程，指标类型、数量、权重及具体考核要求会根据全国城市环境问题的变化及国家环境保护重点工作需求而不断调整。现行“十二五”城市环境综合整治定量考核指标共包括16个方面，每个方面又分设若干个关键性指标，同时提出定量和定性考核要求。这些指标包括：

（1）环境空气质量（15分）；

（2）集中式饮用水水源地水质达标率（8分）；

（3）城市水环境功能区水质达标率（8分）；

（4）区域环境噪声平均值（3分）；

（5）交通干线噪声平均值（3分）；

（6）清洁能源使用率（2分）；

（7）机动车环保定期检验率（5分）；

（8）工业固体废物处置利用率（2分）；

（9）危险废物处置率（12分）；

（10）工业企业排放稳定达标率（10 分）；

（11）万元工业增加值主要工业污染物排放强度（3 分）；

（12）城市生活污水集中处理率（8 分）；

（13）生活垃圾无害化处理率（8 分）；

（14）城市绿化覆盖率（3 分）；

（15）环境保护机构和能力建设（7 分）；

（16）公众对城市环境保护满意率（3 分）。

每项指标均包括两部分内容：指标定量考核内容和工作定性考核内容。

3.2.3　考核形式

综合采用定量和定性相结合的方法，对于定量考核，主要基于定量指标采用公开统一发表的统计数据、在线监测数据和现场核查数据等进行评价；对于工作定性考核，主要针对无法定量的指标，综合采用分级打分等方法进行核实。

环境保护部和省级环保部门按照《工作考核计分表》开展现场核查；现场核查对象包括现场点位、下发的相关文件、有关部门正式发布的统计表、工作总结、成果通报等（如未正式发布，以有关部门盖章为准）。在具体的考核点位确定上，是由环境保护部下发“城考”考核点位确定规则，城市环保部门根据规则上报“城考”考核点位，经省级环保部门和环境保护部确定后，对其开展考核。“城考”考核点位一经环境保护部确认，在本指标实施期间原则上不作调整。如在“城考”考核点位中，属国控断面或省控断面的点位发生调整的，城市环保部门应将批复后的调整方案报环境保护部“城考”业务主管部门备案，由其对“城考”考核点位进行相应调整。

3.2.4　考核计分方法

指标定量考核为得分制，得分按计分方法计算；工作定性考核为扣分制（注明“加分项”的除外），完成不得分，未完成即扣分（得负分）。指标总得分为指标定量考核得分与工作定性考核扣分之和。省级环境保护部门对辖区内得分排名第一的城市和排名变动较大的城市进行现场审核，环境保护部对省级环境保护部门审核情况和部分城市数据上报情况开展现场审核。如在环境保护部或省级环境保护部门开展的监督、审核工作中，发现城市指标定量考核数据出现虚报、瞒报、漏报或未按要求计算、报送等情况，该项指标扣除上报分值的60%；城市工作定性考核出现虚报、瞒报、漏报或与实际情况不符等情况，该工作考核项目计为0分。上述两种情况均通报相关责任部门与个人。标示“*”指标项为监督考核项，即城市水环境功能区水质达标率、机动车环保定期检验率、危险废物处置率、工业企业排放稳定达标率4项指标。如该项指标得分超过指标分值85%以上，城市须向上级环境保护部门申请现场核实，经核实后方可获得实际分数。未提出申请的，该项指标得分不超过指标分值的85%。

经过20多年的发展和完善，城市环境综合整治定量考核已经建立了一整套系统完善的考核评价技术方法和实施体系，大大推动了我国城市环境管理从定性到定量、从经验到科学的管理转型。在促进城市政府加强环境保护工作、加快环境基础设施建设和改善环境面貌，提高环境保护工作在城市发展综合决策中的地位等方面起到了一定作用。

3.3 国家环境保护模范城市创建

创模就是“创建国家环境保护模范城市”的简称，它是由国家环保局于1997年5月提出和倡导的。创模的主要目的是在全国“建成若干个经济快速发展，环境清洁优美，生态良性循环的示范城市”，以创建推动我国的环境保护进程，加快实施城市可持续发展战略，促进与国际接轨。“创模”工作与时俱进，相继经过三个五年计划，创模工作体系、考核指标和评价技术方法体系不断更新完善，在支撑污染减排、饮用水水源地保护、空气质量改善、依法管理和城市综合管理方面起到了积极的推动作用。

3.3.1 创建原则

环境保护部根据全国环境保护和经济社会发展形势的需要，制定国家环境保护模范城市考核指标和实施细则，并适时组织修订。申请国家环境保护模范城市采取自愿性原则，由各城市自愿提出创建申请，环境优良、经济发展、社会和谐的设市城市，达到环境保护部规定的国家环境保护模范城市考核指标要求，经环境保护部考核验收和审议，授予国家环境保护模范城市称号。

创建国家环境保护模范城市工作周期为 5 年。国家环境保护模范城市称号 5 年期满即终止。国家环境保护模范城市可在称号终止前 1 年内递交复核申请。

申请创建国家环境保护模范城市应具备或满足如下三个前置条件，包括：

（1）按期完成国家和省下达的主要污染物总量控制任务；

（2）近三年城市市域内未发生重大、特大环境事件，制定环境突发事件应急预案并定期进行演练，前一年未有重大违反环保法律法规的案件；

（3）城市环境综合整治定量考核连续三年名列本省（区）前列。

3.3.2　创模程序

创模整个过程包括正式申请、制订规划、组织实施、省级推荐、技术评估、考核验收、通告公示、审议命名、授牌表彰、持续改进与定期复查 11 个步骤。依靠政府的执行力与城市环保部门的谋划作用，鼓励城市公众积极参与，发挥省级环保部门的指导作用，规范创建过程，严格创建要求，确保模范城市先进性与含金量。

3.3.3　考核内容与指标

国家环境保护模范城市考核指标以环境质量、环境建设和环境管理等方面内容为主，兼顾经济社会等方面内容。“十一五”国家环境保护模范城市考核指标（修订）包括 26 项指标（包含 3 项前置指标），分别就经济社会发展、环境质量、环境建设与环境管理四个方面具体考核，涵盖了总量减排，水、气、声、固体废物污染防治工作，环境影响评价，城市环境基础设施建设与环保能力建设等环境保护重点工作。数据主要来源于环境统计、中国统计年鉴及城市环境综合整治定量考核数据等。

3.3.3.1　经济社会发展指标

包括：

（1）近三年，每年城镇居民人均可支配收入达到10 000元，西部城市8 500元；

（2）近三年，每年环境保护投资指数≥1.7%；

（3）规模以上单位工业增加值能耗逐年下降；

（4）单位 GDP 用水量逐年下降；

（5）万元工业增加值主要工业污染物排放强度逐年下降。

3.3.3.2 环境质量指标

包括：

（6）城区空气主要污染物年平均浓度值达到国家二级标准，且主要污染物日平均浓度达到二级标准的天数占全年总天数的 85% 以上；

（7）集中式饮用水水源地水质达标；

（8）市辖区内水质达到相应水体环境功能要求，全市域跨界断面出境水质达到要求；

（9）区域环境噪声平均值≤60dB（A）（城区）；

（10）交通干线噪声平均值≤70dB（A）（城区）。

3.3.3.3 环境建设指标

包括：

（11）建成区绿化覆盖率≥35%（西部城市可选择人均公共绿地面积≥全国平均水平）；

（12）城市生活污水集中处理率≥80%，缺水城市污水再生利用率≥20%；

（13）重点工业企业污染物排放稳定达标；

（14）城市清洁能源使用率≥50%；

（15）机动车环保定期检验率≥80%；

（16）生活垃圾无害化处理率≥85%；

（17）工业固体废物处置利用率≥90%；

（18）危险废物依法安全处置。

3.3.3.4 环境管理

（19）环境保护目标责任制落实到位，环境指标已纳入党政领导干部政绩考核，制订创模规划并分解实施，实行环境质量公告制度。

（20）建设项目依法执行环境影响评价、“三同时”，依法开展规划环境影响评价。

（21）环境保护机构独立建制，环境保护能力建设达到国家标准化建设要求。

（22）公众对城市环境保护的满意率≥80%。

（23）中小学环境教育普及率≥85%。

（24）城市环境卫生工作落实到位，城乡结合部及周边地区环境管理符合要求。

表 3-1 对创建国家环境保护模范城市的主要指标进行了说明。[①]

3.3.4　结果应用

环境保护部通过环境保护部政府网站或《中国环境报》向社会发布国家环境保护模范城市名单，并保持动态更新。对于通过考核验收的城市且已达到整改要求的，环境保护部在环境保护部政府网站或《中国环境报》公示，城市人民政府应同时在本城市和所在省的主要新闻媒体和政府网站公示。

各地环保部门应对正在创建和已经成为国家环境保护模范城市的污染防治和生态保护等项目优先给予资金支持。

3.4　绿色 GDP 核算

所谓“绿色 GDP”，是指用以衡量各国扣除自然资产损失后新创造的真实国民财富的总量核算指标。简单地讲，就是从现行统计的 GDP 中，扣除由于环境污染、自然资源退化、教育低下、人口数量失控、管理不善等因素引起的经济损失成本，从而得出真实的国民财富总量。

从政府层面看，启动绿色 GDP 研究始于 2004 年。国家环保总局和国家统计局于 2004 年 3 月联合启动《综合环境与经济核算（绿色 GDP）研究》项目（以下简称绿色 GDP 项目）。同时，科学技术部和世界银行也先后启动了相关研究项目支持中国开展这项工作。环保部环境规划院组织了以王金南教授为组长的研究技术组（Task Force），联合中国人民大学、环境保护部环境与经济政策研究中心、

① 表 3-1 中的指标与上述指标并不完全是一一对应关系，为便于实施考核，对上述所列指标进行了拆解，拆解后的指标共有 27 个。环境保护部会根据国家环境政策变化适时调整上述指标。

表 3-1　国家环境保护模范城市创建目标指标

编号	指标类型	指标名称	指标解释	考核要求	数据来源
1	社会经济	近三年人均可支配收入	可支配收入是指可用于最终消费支出和其他非义务性支出以及储蓄的总和。该指标考核对象是城镇居民的人均可支配收入	≥10 000 元（西部城市≥8 500 元）	按照考核前三年统计年鉴中“各地区城镇居民平均每人全年家庭收入来源”中“可支配收入”一项进行考核
2		近三年环保投资指数	环保投资指数是指城市环境保护投资占城市国内生产总值的百分比	≥1.7%	
3		规模以上单位工业增加值能耗	市域内规模以上工业企业能源消耗总量与城市规模以上工业企业增加值的百分比	逐年下降	城市统计、计划及经济综合管理、供电、燃料等部门；或省统计部门公布的统计结果
4		单位 GDP 用水量	单位 GDP 用水量是指市域总用水量与城市国内生产总值（GDP）之比	逐年下降	城市统计、水利、环保部门
5		万元工业增加值主要工业污染物排放强度	万元工业增加值主要污染物排放强度，系指每万元工业增加值主要污染物（包括工业废水、COD、二氧化硫、烟尘）的排放量	逐年下降	城市统计、环境保护部门
6	环境质量	城区空气主要污染物年平均浓度值	主要污染物是指二氧化硫（SO_2）、可吸入颗粒物（PM_{10}）和二氧化氮（NO_2）	达到国家二级标准	环境监测部门
7		主要污染物日平均浓度达到二级标准的天数		占全年总天数的 85% 以上	

编号	指标类型	指标名称	指标解释	考核要求	数据来源
8	环境质量	集中式饮用水水源地	集中式饮用水水源地是指“处于全市域范围内，并向市区内供水的集中式饮用水水源地”	水质达标	环境监测部门（有机污染物监测可以委托其他部门）
9		市辖区内水质，全市域跨界断面出境水质	城市水环境功能区水质达标率，指城市辖区地表水环境质量达到相应功能水体要求，市域跨界（市界、省界）断面出境水质达到国家或省考核目标，且市辖区范围内无黑臭水体	达到相应水体环境功能要求	城市环境监测部门
10		区域环境噪声平均值	区域环境噪声平均值是指城市城区内经认定的环境噪声网格监测的等效声级的算术平均值	≤60dB（A）	城市环境监测部门
11		交通干线噪声平均值	交通干线噪声平均值是指城市城区内经认定的交通干线各路段监测数据，按其长度加权的等效声级平均值	≤70dB（A）	城市环境监测部门
12	环境建设	建成区绿化覆盖率	建成区绿化覆盖率是指城区内一切用于绿化的乔、灌木和多年生草本植物的垂直投影面积与建成区总面积的百分比	≥35%（西部城市可选择人均公共绿地面积≥全国平均水平）	城市建设、园林等部门
13		城市生活污水集中处理率	城市生活污水集中处理率是指城市市辖区经过城市集中式污水处理厂二级处理达标的城市生活污水量与城市生活污水排放总量的百分比	≥80%	城市建设、环境监测和环境统计部门
14		缺水城市污水再生利用率	污水再生利用率特指污水处理厂污水经再生处理后回用的总水量占污水处理厂处理量的百分比	≥20%	城市建设、环境监测和环境统计部门

编号	指标类型	指标名称	指标解释	考核要求	数据来源
15	环境建设	重点工业企业污染物排放	“重点工业企业”是指环境统计中的“重点调查工业企业”，按“环境统计报表制度说明”的解释界定。污染物排放稳定达标是指主要污染物及特征污染物稳定达到排放标准	稳定达标	环境统计部门，环境监测部门
16		城市清洁能源使用率	城市清洁能源使用率特指全市域内清洁能源使用量占终端能源消费总量之比。能源使用量均按标煤计	≥50%	城市统计、计划及经济综合管理、供电、燃料等能源部门
17		机动车环保定期检验率	机动车环保定期检验率，是指在统计年度中全市域实际进行机动车环保检验的车辆数占全市域机动车注册登记数的百分比	≥80%	环境统计年报。 全市机动车注册登记数据由市公安交通管理等部门提供
18		生活垃圾无害化处理率	生活垃圾无害化处理率是指经无害化处理的城市市辖区生活垃圾数量占市辖区生活垃圾产生总量的百分比	≥85%	城市建设部门和环保部门
19		工业固体废物处置利用率	工业固体废物处置利用率指城市市域范围内各工业企业当年处置及综合利用的工业固体废物量（包括对往年工业固体废物进行处置利用的量）之和占当年工业固体废物量之和的百分比	≥90%	环境统计年报
20		危险废物	危险废物处置率是指危险废物（包括工业危险废物、医疗废物等）的处置量占总产生量的百分比	依法安全处置	环境统计年报

编号	指标类型	指标名称	指标解释	考核要求	数据来源
21	环境管理	环境保护目标责任制	是指要在市委市政府统一领导下，将环境指标纳入党政领导干部政绩考核，环保参与综合决策，建立环保部门统一监督管理，有关部门分工负责的工作机制，评优创先活动要实行环保一票否决	落实到位（国家重点环保项目落实率≥80%）	城市政府、环保部门或有关媒体
22		建设项目环境影响评价，“三同时”，规划环境影响评价	该项指标是指建设项目环境影响评价执行率，建设项目“三同时”执行率，规划环境影响评价执行率分别达到相应的考核要求	建设项目环境影响评价执行率 100%，建设项目“三同时”执行率 100%，规划环境影响评价执行率 100%。 依法开展	城市政府、环保部门、统计部门，环境统计年报
23		环境保护能力建设	环境监察、监测、信息、宣教等能力建设满足国家标准化建设要求。环境保护监察、监测、信息、宣教等能力分别按照原国家环保总局及环境保护部颁发的标准化建设要求，全面达到相应的建设标准要求	达到国家标准化建设要求	市委市政府和环境统计部门
24		公众对城市环境保护的满意率	公众对城市环境保护的满意率，是指公众对城市环境保护工作及环境质量状况的满意程度。指标解释及操作同现行城市环境综合整治定量考核指标	≥80%	国家环境保护模范城市技术评估或考核验收组现场问卷调查，国家统计部门调查结果
25		中小学环境教育普及率	中小学教育普及率，是指全市开展环境教育的中小学学校数占全市中小学学校总数的百分比	≥85%	教育、民政、统计、环保部门

编号	指标类型	指标名称	指标解释	考核要求	数据来源
26	环境管理	城市环境卫生工作	主要考核城市政府创建省级以上卫生城市工作的水平和获得的成效	落实到位	市委市政府有关卫生城市工作、城乡结合部及周边地区环境管理的文件、管理办法、实施意见和工作总结，卫生、城建、环保部门，国家爱国卫生运动委员会或省爱国卫生运动委员会关于城市已获得国家卫生城市或者已获得省级卫生城市称号的文件
27		城乡结合部及周边地区环境管理	主要考核城市政府开展城乡结合部环境综合整治工作的水平和获得的成效	符合要求	

中国环境监测总站共同承担绿色 GDP 核算项目。项目的总体目标是结合国际经验和中国实际，建立中国绿色国民经济核算体系框架，构建环境经济核算指标体系和方法体系，开展全国范围内基于 31 个省市区的环境经济核算，提出绿色 GDP 核算结果，并选择若干个试点省市开展绿色 GDP 核算试点，为在全国推广绿色 GDP 核算奠定基础。

经过研究技术组两年的不懈努力和研究，2006 年课题组终于取得了第一阶段的成果。2006 年 9 月 7 日，国家环保总局和国家统计局两个部门首次发布了中国第一份《中国绿色国民经济核算研究报告 2004》，这也是国际上第一个由政府部门发布的绿色 GDP 核算报告，得到了国际社会的高度评价和赞赏。以王金南教授为组长的技术组在 2004 年建立的环境经济核算技术方法体系的基础上，继续扩大核算内容和完善核算方法，完成了 2005—2013 年国家层面 31 个省区市的 6 个年度的核算。目前，正在开展 2014 年度的绿色 GDP 的核算。考虑到目前开展的核算与完整的绿色国民经济核算还有差距，自 2005 年起这项研究更名为“环境经济核算研究”，研究报告名称也调整为《中国环境经济核算研究报告》。

2015 年，环保部启动了绿色 GDP 2.0 工作，加强了环境经济核算工作，在绿色 GDP 1.0 生态环境退化成本核算的基础上，新增了以环境容量核算为基础的环境承载力研究，开展环境绩效评估，进行经济绿色转型政策研究，探索环境资产核算与应用长效机制，核算经济社会发展的环境成本代价。环境经济核算工作进入了新的发展时期。

3.4.1　核算框架

环境经济核算是绿色国民经济核算体系框架的关键组成部分，根据联合国环境规划署环境经济核算框架（SEEA），完整的绿色国民经济核算体系包括资源耗减成本核算和生态环境退化成本核算两部分。根据我国开展环境经济核算的现实，本部分的环境经济核算仅指生态环境退化成本的核算，包括环境污染损失核算和生态破坏损失核算两部分。

环境经济核算体系总体框架由四组核算表组成：①环境实物量核算表；②环境价值量核算表；③环境保护投入产出核算表；④经环境调整的绿色 GDP 核算

表。其中环境实物量核算表又由环境污染实物量核算表和生态破坏实物量核算表组成，同样，环境价值量核算表也包括环境污染价值量核算表和生态破坏价值量核算表。环境污染实物量与价值量核算还分为各地区和各部门的核算表，而生态破坏实物量核算与价值量核算只有地区核算表。

3.4.2 环境污染损失核算

核算内容包括以下三部分：环境污染实物量核算、环境污染价值量核算和基于环境经济核算的环境绩效评价。

3.4.2.1 环境污染实物量核算

所谓实物量核算，是指在国民经济核算框架基础上，运用实物单位（物理量单位）建立不同层次的实物量账户，描述与经济活动对应的各类污染物的产生量、去除量（处理量）、排放量等。环境污染实物量核算主要包括：各地区水、大气、工业固体废物和城市生活垃圾污染实物量核算；各部门水、大气、工业固体废物污染实物量核算。

由于在目前的环境统计年报中，按工业行业统计的数据为重点源统计数据，按地区统计的工业污染物排放数据为重点源和非重点源的总排放量。因此，在进行工业行业实物量核算之前，首先需要将地区的污染物总量按工业行业统计的污染物产生、排放、处理量的行业结构折算后进行重新分配。即

$$Q_{实工i} = Q_{地区} \times \frac{Q_{工i}}{\sum Q_{工i}}$$

式中：$Q_{工i}$ ——环境统计中工业行业 i 的污染物量；

$Q_{地区}$ ——按地区统计的工业污染物量；

$Q_{实工i}$ ——经过折算后的工业行业 i 的实际排放量。

3.4.2.2 环境污染价值量核算

环境污染价值量核算，是指在实物量核算的基础上，估算各种环境污染造成的环境退化价值或生态破坏造成的生态破坏价值。其本质是核算环境退化成本。在价值量核算中，也包括对现存经济核算中有关环境的货币流量予以核算，如污染治理成本（或环境保护成本）的核算。

环境污染价值量核算分别采用污染治理成本法和污染损失成本法两种方法进行核算。根据《环境经济核算技术指南》，前者核算得到的结果为环境污染治理成本，利用后者核算得到的结果称为环境退化成本。环境污染治理成本分为实际治理成本和虚拟治理成本两部分，实际治理成本是指目前已经发生的治理成本；虚拟治理成本是指将目前排放至环境中的污染物全部处理所需要的成本。从严格的意义上来讲，利用这种虚拟治理成本核算得到的仅是防止环境功能退化所需要的治理成本，是污染物排放可能造成的最低环境退化成本，是污染治理成本规定的环境价值的下限，可以说并不是实际造成的环境退化成本。环境退化成本（环境污染损失成本）是指在目前的治理水平下，生产和消费过程中所排放的污染物对环境功能造成的实际损害。

利用治理成本法计算虚拟治理成本，忽视了排放污染物所造成的环境危害，等于假设治理污染的成本与污染排放造成的危害相等，因此环境污染治理的效益无从体现。从严格的意义上来讲，利用这种虚拟治理成本核算得到的仅是防止环境功能退化所需的治理成本，是污染物排放可能造成的最低环境退化成本，并不是实际造成的环境退化成本。

利用污染损失成本法计算环境退化成本，需要进行专门的污染损失调查，确定污染排放对当地环境质量产生影响的货币机制，从而确定污染所造成的环境退化成本。环境退化成本一般是以地域范围来计算的，它对 GDP 的调整仅限于总量层次，要分解到产生污染排放的各个部门有一定困难。但从理论上来说，污染损失才是真正的环境退化成本，只有进行污染损失估算才能体现环境治理的效益。

环境污染价值量核算主要包括以下内容：各地区的水污染价值量核算、大气污染价值量核算、工业固体废物污染价值量核算、城市生活垃圾污染价值量核算和污染事故经济损失核算；各部门的水污染价值量核算、大气污染价值量核算、工业固体废物污染价值量核算和污染事故经济损失核算。

（1）污染治理成本

利用污染治理成本法核算的环境价值包括实际治理成本和虚拟治理成本两部分。污染物的实际治理成本与虚拟治理成本的核算内容主要包括：废水、废气与固体废弃物的实际治理成本与虚拟治理成本，以及各行业、各地区的污染物的实际治理成本与虚拟治理成本。环境污染的实际治理成本的计算，是利用前面实物量核算得到的污染物治理或去除量与单位污染物实际治理成本而得到的；相似的虚拟治理成本是利用实物量核算得到的排放数据以及单位污染物的虚拟治理成本，计算为治理所有已排放的污染物应该花费的成本。治理成本按部门和地区进行核算。

（2）环境退化成本

环境退化成本又被称为污染损失成本，它是指在目前的治理水平下，生产和消费过程中所排放的污染物对环境功能、人体健康、作物产量等造成的实际损害，这些损害采用一定的定价方法，如人力资本法、直接市场价值法、替代费用法等环境价值评价方法来进行评估，计算得出相应的环境退化价值。与治理成本法相比，基于损害的污染损失成本估价方法更具合理性，是对污染损失更加科学和客观的评价。环境退化成本仅按地区核算。

污染经济损失估算的一般流程如图 3-1 所示，①弄清污染状况和污染覆盖面；②建立污染物与危害对象之间的剂量反应关系；③调查和统计在污染暴露区受污染危害对象的数量；④估算污染造成的实物量危害；⑤将实物量危害转化为货币损失。

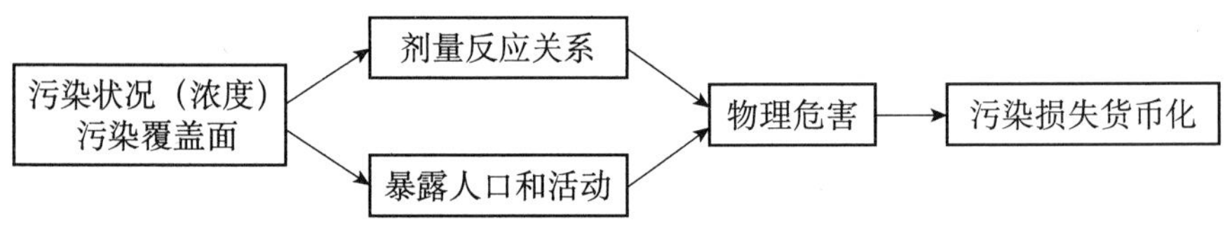

图 3-1　污染经济损失估算的一般流程

3.4.2.3　基于环境经济核算的环境绩效评价

利用环境经济核算结果，对经济社会发展的环境绩效进行评价，重点考虑如下指标：

（1）虚拟治理成本

按污染物种类（水、大气、固体废物）划分，将虚拟治理成本和实际治理成本的绝对值分产业和行业、分地区进行对比，不同产业、行业和不同地区污染物虚拟治理成本所占比重表明了环境治理投入的欠账情况。

（2）环境退化成本

环境退化成本按污染介质来分，可分为大气污染、水污染和固体废物污染造成的经济损失；按污染危害终端来分，可分为人体健康经济损失、工农业（种植业、林牧渔业）生产经济损失、水资源经济损失、材料经济损失、土地丧失生产力引起的经济损失和对生活造成影响的经济损失。因此，我们可以得到不同污染物、污染物造成不同危害的经济损失所占比重的情况，尤其是我们比较关住污染造成的人体健康经济损失的情况。

（3）经生态环境破坏损失调整的GDP

经环境污染成本与生态破坏损失调整的GDP是指用环境污染的虚拟治理成本、环境退化成本以及生态环境退化成本对GDP进行的调整。我们分别采用GDP污染治理扣减指数、GDP环境退化扣减指数和GDP生态环境退化指数来核算。

GDP污染治理扣减指数是指虚拟治理成本占调整前GDP总量的百分比，即GDP污染扣减指数＝虚拟治理成本/当年地区合计GDP×100%。该指标可以按照产业部门和地区分别进行计算。

GDP环境退化指数是指环境退化成本占当年地区GDP的百分比，即GDP污染扣减指数＝环境退化成本/当年地区合计GDP×100%。

GDP生态环境退化指数是指生态环境破坏损失占地区GDP的百分比，其中，生态环境破坏损失是环境退化成本与生态破坏损失之和，揭示了经济增长的资源环境代价。即GDP污染扣减指数＝（生态破坏损失＋生态环境破坏损失）/当年地区合计GDP×100%。

（4）绿色弹性系数

“绿色弹性系数”，是指污染物虚拟治理成本变化率与GDP增长率的比值，用来反映污染负荷的变化与社会经济的发展相互制约的关系以及发展趋势和规律。即

绿色弹性系数＝污染物虚拟治理成本变化率/经济总量的增长率

虚拟治理成本变化率＝（当年污染物虚拟治理成本－上一年污染物虚拟治理成本）/上一年污染物虚拟治理成本

弹性系数大于0，表明污染物虚拟成本随经济增长而增加；弹性系数小于0，表明污染物虚拟成本随经济增长而减少，即“增产不增污”。

通过计算“绿色弹性系数”，可以对各个地区进行排名。“绿色弹性系数”越小，地区排名越靠前，表明该地区受经济发展的负影响越小；系数越大，地区排名越靠后，表明该地区环境系统对经济发展的灵敏度越大，环境承受力越脆弱。

（5）GDP环境污染治理投资指数

环境污染治理投资包括工业污染源治理、与城市环境建设直接相关的用于形成固定资产的资金投入、治理设施运行费用以及各级政府的环境管理方面的投资。其中，各级政府环境管理方面投入的数据获取困难，本书中环境污染治理投资只包括三个方面：①城市环境基础设施建设投资，包括燃气、排水、园林绿化以及市容环境卫生；②工业污染源治理投资，包括治理废水、废气、固体废物、噪声以及其他；③建设项目“三同时”环保投资。

GDP环境污染治理投资指数是指环境污染治理投资占当年GDP的百分比，即GDP环境污染治理投资指数＝环境污染治理投资/当年GDP×100%。

3.4.3 中国资源环境指标体系

国家对类似环境绩效指标的探索并没有就此停止——新的“中国资源环境统计指标体系”正在酝酿之中：2008年8月，时任国务院副总理李克强召开了多部门会议，启动“中国资源环境统计指标体系”工作。2009年3月，“中国资源环境统计指标体系”专题讨论会召开，广泛听取各方意见。7月，再次征求意见。2009年年底，“中国资源环境核算体系框架”进入多部门会签阶段。

可以认为，简单来说，绿色GDP核算项目与中国资源环境统计指标体系研究前后两个项目的主要区别在于：绿色GDP的目标是用价格来衡量环境污染和生态损失，而中国资源环境统计指标体系则只是表现大气、水、森林等资源的总体数量，而避免为其定价。新的指标体系涵盖了资源、环境、生态和应对气候变化四大领域的核心指标。按照可持续发展的要求，该指标体系研究组对转变经济发展方式和应对资源环境变化的重大关系和规律做了深入研究，整合了分散于各行业部门的资源环境统计信息，在此基础上，被提出的资源环境统计指标体系应当是较为科学合理的。事实上也是如此——从指标的具体设置上看，新体系不仅有当期消耗、排放指标，还有资源存量指标、环境指标和生态质量指标。此外，由于内容全面，范围较广，这一指标体系还包括进入“十二五”规划的新约束性指标。最后，新指标体系开始实施后，拟规定除应对气候变化的相关指标要对应国际气候谈判进程，其他三大类指标计划每年发布一次。

然而，资源环境统计指标体系的缺陷也显而易见：指标体系要保证可操作性，采取了以实物量为主的设计思路，当前纳入体系的指标主要来自已有的基础数据，而价值量的指标相对较少，需要完善和补充更多相关指标。因此，尽管能够从不同的角度反映当前的资源环境状况，并以此显示发展的可持续性，但作为一个指标体系，中国资源环境统计指标体系本身并不是可持续发展的评价指标。

更大的欠缺则来自新指标体系对地方经济发展行为约束力的匮乏。在绿色GDP公布“难产”之后，公众与环境研究中心主任马军曾担心无以扭转地方畸形追求GDP的政绩观。同样，用以替代绿色GDP的中国资源统计指标体系在“约束地方行为”上，可能会遭遇同样的境遇。如要发挥作用，该指标体系还需要进一步的政策配套和制度完善。

总的来说，当前开发的指标体系主要还是应用在国家层面上，或许会给各个省市提供范本，促使其逐步建立对应的指标体系并公布统计结果，但其本身并没有强调地区分组，没有强调不同地区间的比较，因此短期内可能还难以在约束地方行为等方面直接发挥作用。

3.5　环境绩效审计

最高审计机关国际组织（The International Organization of Supreme Audit Institutions，INTOSAI）曾在《开罗宣言》中对环境审计提出了一个框架，认为环境审计的定义中应包括财务审计、合规性审计和环境绩效审计。而环境绩效审计是指审计机关通过检查被审单位的环境经济活动，依照一定的标准，评价资源开发利用、环境保护、生态循环状况和发展潜力的合理性、有效性，并对其效率和效果表示意见的行为。对被审单位环境经济活动的经济性、效率性和效果性的审计评价，是环境绩效审计的评判依据。1999 年 11 月最高审计机关国际组织环境审计工作小组制定了《有关环境绩效审计指南》，自此环境绩效审计开始走向规范化道路。

谈及环境绩效审计的内容，可以说其是围绕着绩效审计的三要素，即经济性、效率性和效果性展开的。在经济性方面，是指用来治理环境的资金是否在预算范围之内，是否超过了治理环境本身带来的效益；在效率性方面，是指治理环境的投入资金成本是否取得了最大的效益，或是否以少量的成本解决了严重的环境问题；在效果性方面，指环境政策的执行是否达到了环境政策规定的要求，或者指开展的环境项目对于治理环境是否发挥了应有的作用。从以上三方面综合考虑，可看出环境绩效审计的内容主要包括：环境政策的执行情况审计、环境项目效益审计、环保专项资金利用效益审计、企业内部环境控制系统评审、企业环保资金利用效益审计、资源要素利用效益审计等。

国际上审计已经向绩效审计发展，环境问题是绩效审计关注的内容。我国的环境审计要跟得上国际发展，必须在审计类型上从财务收支审计向绩效审计拓展，从以环境经济活动的合规性、合理性为主要审计对象逐步过渡到绩效审计上。

3.5.1 环境绩效审计的定义

关于环境绩效审计的定义，目前国内尚无较统一的看法。陈正兴（2001）认为环境绩效审计是通过检查被审计（下文简称被审）单位和项目的环境经济活动，依照一定标准，评价资源开发利用、环境保护、生态循环状况和发展潜力的合理性、有效性，并对其效果与效率表示意见的行为；张文华和钱风（2002）认为环境绩效审计是指对政府部门的环境管理责任和企业应承担的环境保护、环境治理责任及他们的工作绩效进行的审计；陈希晖、邢祥娟（2004）提出环境绩效审计是指审计机关通过检查被审计单位的环境经济活动，依照一定的标准，评价资源开发利用、环境保护、生态循环状况和发展潜力的合理性、有效性，并对其效率、效果表示意见的行为；吴立群、王恩山（2005）指出环境绩效审计是由独立的审计机构或审计人员，对被审单位或项目的环境管理活动进行综合系统的审查、分析并对照一定标准评定环境管理的现状和潜力，提出促进其改善环境管理、提高环境管理绩效的建议的一种审计活动。

3.5.2　环境绩效审计的主体和内容

国外环境绩效审计的主体，依据审计对象的不同而有所差异，其中对政府相关政策、重大项目等的审计主要由国家审计机关负责，对企业内部环境管理体系的审核主要由社会审计组织实施。注册审计师在企业内部审计中发挥中重要作用。各主要发达国家的国家审计机关，在环境绩效审计方面都有不同程度的努力，开展了很多政府环境绩效审计项目：在企业内部审计方面，加拿大的企业每年将其环境审计年度报告提交政府环保部门、股东及其他相关利益者；很多大企业在总经理之下设环境审计办公室，主持该企业系统的环境审计工作，还雇请专门的律师，以面对可能的环境问题诉讼。此外，1992 年加拿大特许会计师协会（CICA）发布了题为《环境审计与会计职业界的作用》的研究报告，对社会审计等 4 领域的环境审计的定义、内容及作用等做了具体探讨，认为注册会计师在未来的环境审计中应发挥越来越重要的作用（孟凡利，1997）。

在内容上，人们对政府审计探讨较多，对内部审计和社会审计的研究较少。INTOSAI 所属环境审计委员会 2001 年初向各成员国印发了《从环境视角进行审计活动的指南》，该指南第二部分重点阐述了政府环境绩效审计的内容：包括对政府执行环境法规情况、对政府环境项目的经济效益、对政府其他项目的环境影响、对环境管理系统的审计及对计划的环境政策和环境项目进行评估五方面；1994 年 4 月，瑞典议会通过了《瑞典转向可持续发展提案》，以此作为 21 世纪议程文本。基于此，瑞典还加强了由环境审计协会负责的环境审计工作，对所有新建项目的环境因素进行审查、评价、考核，确定其标准是否达到政府和客户的要求或企业的目标。如今，在瑞典，审计师事务所进行环境审计的广告随处可见：人们进行房地产交易，首先要对该房地产进行环境审计，这已成为一种时尚。反观我国，目前尚未对环境绩效审计的内容形成统一认识，刘力云（1997）认为，环境绩效审计包括评价环境管理系统的充分性和有效性，确认企业在建设和生产经营活动中是否在保护环境、防止和治理污染方面做出了努力、环保政策和措施是否有效，环保部门工作的经济性、效果性和效率性审查三方面；陈正兴（2001）认为，环境绩效审计包括对环境决策行为、经营目标和计划、被审单位管理效能、内控系统、资源要素利用效益及资金利用效益的审计六部分；李学柔、秦荣生（2002）认为，环境绩效审计包括政府环境政策绩效审计、政府环境项目效益审计和企业环境绩效审计三部分；陈思维等（2003）对上述指南中提出的环境绩效审计的五种内容进行了分析，并提出我国进行环境绩效审计亟须解决的四个问题，他还在专著《环境审计》中论述了一些有关环境绩效审计的内容；陈希晖、邢祥娟（2004）在其论文《论环境绩效审计》中从宏观和微观两个层次阐述了环境绩效审计的对象、范围及重点。

3.5.3 环境绩效审计的程序和方法

国外研究表明，后续审计（或称跟踪审计）对环境绩效审计至关重要。INTOSAI 明确鼓励各最高审计机关就以前审计中发现的问题和所提出的建议进行跟踪审计。在美国，审计总署每年至少与被审单位相关主管人员接触一次，作为正式跟踪，并辅以非正式跟踪。同时，INTOSAI 第 15 届大会的代表们认为，环境绩效审计与一般审计项目一样，需要适当的特别是规范化、专业化的技术，其获取途径包括：专家培训，招收新专家进入最高审计机关，使用别国最高审计机关职员的专业知识，进行联合审计和同步审计，以及从外部取得专家建议等，并且最高审计机关之间应适当沟通交流，这是完善环境审计技术的重要途径之一。环境审计委员会应当考虑并向 INTOSAI 成员推荐几种可供选择的审计方法。1995 年 9 月，我国国家审计署在提交 INTOSAI 开罗会议的论文中指出：在审计环保资金的筹集和使用中，传统的财务审计和绩效审计的基本方法是适用的。应结合企业财务审计，看是否按规定缴纳了环保收费；结合政府财政预算审计，看是否安排了适当的环保资金；开展环保专项资金使用审计，看是否合理有效地运用了这些资金；审计机关可通过监督环保部门的工作绩效，揭示差距，促进环保部门尽职尽责，做好环保本职工作；为了监督评价环保部门及有关部门的环保工作绩效，应建立一套科学的环保指标体系，在环境监测的基础上，对不符合环保指标要求的，进行跟踪审计，分清责任，督促环保及有关部门改进工作，尽快达标，使环保政策及措施真正落到实处并有成效。

3.5.4 环境绩效审计的评价指标体系

目前，世界各国和相关国际机构纷纷提出了一些有关环境绩效指标的指南或指导性意见：

（1）加拿大特许会计师协会在《环境绩效报告》中列出了不同行业环境绩效指标的例子，包括资源、公用事业、大小型制造业、零售业、交通业和其他服务业等行业 15 个方面的环境绩效指标。这些指标可成为企业进行环境绩效评价的参考指标，但该标准的制定主要考虑的是不同企业在对外报告中有关环境绩效披露的标准化问题，其使用者主要是外部利益关系人（孟凡利，1997）。

（2）国际标准化组织在发布的 ISO 14000 系列标准中，提出了 ISO 14031 环境绩效评价指标体系，将指标分为三类：环境状况指标、经营绩效指标和管理绩效指标，主要考虑环境管理体系的目标要求，为面临不同环境问题的已经或准备按照 ISO 14000 的要求建立环境管理体系的企业提供了进行环境绩效评价的清晰合理且比较可行的综合框架，并为指标的获取和加工计算提供了指南。

（3）世界可持续发展工商理事会（WBCSD）提出了以“生态经济效率”（产品或服务的价值/环境影响）来反映可持续经营目标，从而将环境指标与财务指标相结合，以较少的环境影响实现较大的经济效益，最终促进企业可持续发展。WBCSD 将生态经济效率指标体系分为三大类：产品或服务的价值、创造产品或服务的过程中对环境的影响及使用产品或服务的过程中对环境的影响等。每个计量方面又有许多的计量指标。但该体系并未给出具体可操作的环境绩效评价指标，只是提供了一个框架，它适用于准备对环境绩效进行评估的企业，但其实际运用有赖于企业建立一套有效的环境会计核算体系。

3.5.5　环境绩效审计的准则

国外比较重视环境审计准则的研究和制定，相关的机构和部门很多，成果也较多，其中最重要的两项是：

（1）ISO 14000 环境管理体系国际标准。它强调环境管理体系是整个管理体系的组成部分，包括为制定、实施、实现、评审和保持环境方针所需的组织结构、计划活动、职责、惯例、程序、过程和资源等，应与企业的质量管理、经营管理、行政管理结合起来，并要求全员参与。这套标准对环境保护与管理系统的子系统——环境审计直接做出了具体的规范，从而为环境绩效审计提供了审计评价标准，推动了环境绩效审计的发展。

（2）INTOSAI 的成果。INTOSAI 在 1995 年第 15 届大会上专门讨论了环境审计。会后发表了《在国际环境协议审计方面进行合作的指南》和《从环境视角进行审计活动的指南（草案）》，被认为是对政府环境审计准则比较成熟的阐述。1999 年 11 月，INTOSAI 环境审计工作小组制定了《有关环境工作绩效审计指南（草案）》，环境绩效审计开始走向规范化（陈钰泓，2006）。

3.5.6 环境绩效审计制度在我国开展的现状与问题

中国审计学会针对环境审计的调研报告显示，多数地方审计机关能够结合当地环保重点，有计划、有针对性地开展环境绩效审计项目（中国审计学会调研组，2009），例如，内蒙古自治区的沙化治理等。不少地方将资金使用情况、制度法规执行情况融入到企业内部审计、预算执行审计中，作为重点考察项目。

而近两年，理论界对于环境绩效审计的研究也处于加速发展之中。多数学者将具体的环保项目与环境绩效审计相结合，在实例中研究环境绩效审计的评价方法。北京市环境绩效审计标准研究项目（王如燕、高云兴，2008），选取 2004—2007 年北京市 19 个县区数据构建环境优质评价模型。此外，孙焱等（2010）认为环境绩效评价也可以采取投入产出分析法，按照循环经济的减量化、再利用、资源化原则，将减排和低耗相结合，提高资源使用率。

我们需要注意的是，尽管当前环境绩效审计已经开始得到政府、社会各界的重视，但在不断发展的过程中，也暴露出一些迫切需要解决的问题。概括的讲，主要包括以下几点：

（1）目前，对于加强环境保护工作以及环境审计对于环境管理工作的作用存在误区，仅仅认为加大资金投入，加强立法严格执法就可以从根本上解决问题。只关注到环境保护资金尤其是环保专项资金使用上的真实性和合规性，没有具体地分析资源和资金的利用效率，忽视了其中存在的浪费情况。

（2）环境绩效审计开展的范围仍然较窄，在整个绩效审计中所占的比例较低。在已进行的审计项目上，绝大多数是国家专项环保资金的经济性、效率性审查，对环境保护的效益、环境政策的执行效果审计较少，对生态环境项目关注不够。

（3）当前的审计人员，大多数是专业出身，基本具备审计财会等理论储备。但对于相关的环境保护知识，不熟悉也不了解。审计人员在开展审计工作时，因为无法真正地了解审计项目的相关风险，也就无法对其进行识别、评估和控制。

（4）地方环境绩效审计开展仍存在许多空白，尤其在经济欠发达地区，农村地区的环境保护没有引起足够的重视。地方审计对象数量大，审计任务繁重，在审计项目和审计人员的数量、投入资金力度等方面仍有很大的发展空间。

（5）可能是审计人员自身对于环境绩效审计方法掌握不够全面，或是面对环境项目的复杂多变，难以依靠经验做出正确判断，多数审计人员仍然倾向于优先选择传统审计方法。技术和方法的缺乏制约了环境绩效审计的进一步发展。

（6）被审单位尚未完全接受环境绩效审计，认识程度较低，难以在审计过程中有效配合有关人员，甚至可能拒绝提供有关环境资料，从而影响审计证据的充分性，阻碍环境绩效审计的深入发展。

第4章

环境绩效评估的总体框架

4.1 评估主体与对象

4.1.1 评估主体

评估主体是指负责建立评估方法，对特定评估对象开展环境绩效评估的机构。主要的评估主体包括公共管理部门（政府机构）、商业部门（企业）、第三方机构（研究机构、审计机构和非政府组织等）。不同的评估主体对于环境绩效的评估侧重点也不相同。管理部门由于负责全面的环境保护工作，因此着重关注各级行政区（省级、市级、县级）以及重点流域（区域）的环境绩效情况；另外，管理部门从宏观上偏重于对环境要素的管理（如水、大气、土壤、噪声等）。随着经济社会发展和政府治理理念转型，第三方评估由于其客观和公正性，越来越受到重视。

4.1.2 评估对象

环境绩效评估对象的范围比较广泛，从大的角度来说评估对象主要分为实体和非实体两大类。实体主要包括可能造成环境影响的组织，如企业、管理部门甚至是个人等。非实体主要包括对环境造成影响的法律法规、政策、技术规定、标准等非实体要素在实施后会对环境产生的影响。由于两大类评估对象本身的特点所决定，在具体的环境绩效评估过程中，其会侧重不同的角度：例如，实体评估对象的评估内容一般会包括污染物排放、环境质量、生态污染状况与修复情况，水、气、土、声等各类自然资源的使用情况，污染事故发生及处置情况等；非实体评估对象的评估内容主要包括环境管理效率、政策执行效果和环境影响情况等。

4.2 评估范围

4.2.1 污染主体

环境绩效评估的实体对象一般包括政府和企业两大类，但就具体造成污染的对象来说评估对象一般是指企业。根据企业的性质不同，环境绩效评估的范围也有所调整，企业分类标准大致有四类依据：企业类型，污染程度，区域位置和上市与否。

4.2.1.1 企业类型

根据企业的业务类型，可以大致分为生产性企业和经营性企业两大类。生产性企业主要指以加工原料、半成品、成品并生产制造商品为主要业务活动的企业，这类企业往往需要消耗资源、能源，产生污染并排放。经营性企业以销售、物流和服务类经营业务为主，因为没有资源加工利用和污染产出，所以环境影响较生产性企业小一些，主要的环境影响来自于能源消耗（交通运输，电暖照明等）所产生的温室气体和污染物排放。

因此在开展企业环境绩效评估的时候，需要针对生产性企业和经营性企业的区别，分开设置评估框架、指标、标准权重和评估方法。

4.2.1.2 不同污染程度行业企业

在生产性企业当中，根据资源消耗和污染排放程度的不同，又划分出一类重污染性企业，简称“两高一资”行业企业（例如，化工行业、钢铁行业、造纸行业和电力行业等）。这一类行业企业的环境绩效评估需要对该行业企业的生产原料采集、生产工艺、排污类型等关键问题设计相应并且有针对性的指标和评估方法。

4.2.1.3　不同区域（地区）企业环境绩效评估

在评估不同区域（地区）企业的环境绩效时，一般会根据企业所在区域的特点有所侧重，例如，临河所建企业往往需要大量采水用水并向水中排放污染物，因此企业的位置（河道上游或下游）会对企业环境绩效产生较大影响。需要排放空气污染物的往往会建设在偏远地区或城市郊区，因此企业位置和风向关系（上风口或下风口）也往往会对城市空气质量产生决定性的影响。

4.2.1.4　上市企业与非上市企业

上市企业往往具备一定的资金和生产规模，供应链面广并且管理复杂，对环境的影响较大，因此对于上市企业的环境绩效评估往往比非上市企业的环境绩效评估要求严格、内容详细。主要的区别包括上市企业环境绩效评估需要像财务公开一样披露更多的环境信息，涉及跨国业务的上市公司，需要通过环境绩效评估显示其是否达到某一国家或地区的环境准入标准。

4.2.2　政府

4.2.2.1　区域环境绩效评估

我国环境保护责任制度与行政区划紧密相连，管理部门对省、市、县、镇、村五级行政区划内的环境质量负责，因此管理部门需要对管辖区域内的环境绩效进行评估以便了解该地区的环境绩效状况、环境压力和环境质量的改善情况，以此信息作为下一阶段环境政策的制定依据。区域内的环境绩效评估是这一地区内环境的综合情况，既反映该地区企业、农田、畜禽养殖场和机动车的环境表现又与各个污染源不直接相关。并且在一定区域内污染物排放量和区域环境质量呈非线性关系，因此在评估区域内环境绩效状况时对环境压力和环境质量的指标选择需要统筹区域差异和公平性原则。

流域和特点区域的环境绩效评估与行政区域的环境绩效评估有很大差别，首先行政区域的评估对象是实体即具体的环境管理部门，但是流域和特点区域的环境绩效评估首先是针对该流域和区域所采取的非实体措施（如政策，规划等），其次才考虑管理部门等实体对象（当流域和特点区域与行政区划重叠时）。在评估流域和特点区域的环境绩效时一个主要问题就是数据可获得性，由于数据收集都是以行政区划为单位进行收集和汇总的，因此给流域和特点区域的环境绩效评估带来一定难度。对于流域和特点区域的政策或是规划的环境绩效评估应从实施之前和实施过程中就开始准备评估的条件（如数据收集等），这样才能合理公正地评估流域和特点区域的环境绩效。

4.2.2.2　环境要素绩效评估

在区域环境绩效评估内，除了综合性的环境绩效评估外，还有针对各种环境要素（水、大气、土壤、噪声等）的专题性绩效评估。分要素的环境绩效评估比起综合性环境绩效评估更具有针对性，对环境问题的发现、环境绩效的改善也比综合性环境绩效评估更有效果。例如某造纸厂较多的县级行政区内，水环境问题相比其他问题突出，在经济和时间成本有限的情况下，针对水要素的环境绩效评估就显得更具有针对性。

4.3　评估内容

按照评估对象的差异，评估内容有很大不同。可以将环境绩效评估划分为对污染主体环境绩效的评估以及对政府部门环境绩效的评估。

4.3.1　污染主体环境绩效评估内容

污染主体是指生产和经营活动中产生污染物的企事业单位，对企业或事业单位环境绩效的评价一般采用生态效率指标。生态效率指的是价值增加和生态环境变化的比值。世界可持续发展工商理事会（WBCSD）首次提出：生态效率是指在提供能够满足人类需要和提高生活质量的竞争性定价商品与服务的同时，使整个生命周期的生态影响和资源强度逐渐降低到一个至少与地球的估计承载能力一致的水平。污染主体环境绩效评估的目的在于：

（1）描述和反映任何一个时点上（或时期内）各方面经济与环境的水平或状况。

（2）评价和监测一定时期内经济与环境变化的趋势及速度。

（3）综合衡量经济与环境各领域之间的协调程度。它可以使政府确定提高资源利用效率和控制污染物排放的优先顺序，同时给决策者一个了解和认识工业生态环境进程的有效工具。

（4）帮助企业识别生产经营中的薄弱环节，识别其环境管理体系的效率，为企业加强和改善管理提供支持。

基于上述目的，污染主体的环境绩效可以通过两个方面来衡量：一是其生产经营过程中对能源、物质和原材料的消耗以及生产经营过程所产生的污染物；二是生产主体对能源、物质和原材料的再利用及污染物治理效率。前者可称为生产效率，后者可称为治理效率。表 4-1 根据上述分析对污染主体环境绩效评估的关键指标进行了界定，可以作为实施评估时参考。

表 4-1　污染主体环境绩效评估的关键指标

一级指标	二级指标	三级指标	备注
生态效率	生产效率	单位产品或产值能源消耗	—
		单位产品或产值原材料投入	以原料投入的价格或质量计
		单位产品或产值污染物/废物产生量	污染物依据行业企业的实际情况确定
	治理效率	副产品产值占总产值比重	主要指生产和治理过程中产生的副产品，如脱硫石膏
		污染物治理效率	—
		余热、余压、废物综合利用率	—

4.3.2　政府绩效评估的内容

相对于企业等产污主体而言，政府作为环境监管主体，其绩效评估的内容更注重对某一特定评价对象如法律、法规、规划、政策和项目的实施效果和效率。具体而言，政府绩效评估主要关注如下内容：

（1）绩效目标是否达到？即由国家和上级政府制定的环境目标是否按期实现。

（2）环境治理的政策措施工具框中，哪些是有效的？哪些措施没有效果？为什么？

（3）所取得的效果是否具有较高的效益费用比、政府环境治理体系是否有较高的运行效率？

目前，我国已经开展的绩效评估中，一般侧重于（1）和（2）的评价。较少对各类政策措施的效益费用比进行考量，这也是我国当前政府治理体系中存在的难点和热点问题，即在具体的实施过程中，中央和各级政府往往不考虑政策实施的成本，而是单纯追求目标导向，事实上已经造成较严重后果。一般而言，越是下级政府，比如县级，往往承担更多的事务，为完成绩效目标就必须加大投入，这些投入包括资金和人员等，最终造成官僚机构的膨胀。这是我国传统的绩效考核偏重最终目标、忽视效率指标的重要原因。因此，在绩效考核中，加大对投入产出等效率类指标的考核，是推动我国政府治理转型的重要手段。

从具体的评价内容而言，政府绩效评估的内容更为综合。一般而言，国际社会普遍采用联合国环境规划署提出的驱动力-压力-状态-影响-响应框架或者该框架的简化版本（压力-状态-响应）来进行绩效分析或评估。该框架是了解和把握环境问题的完整的逻辑链条，能够解释环境问题的来源及其影响以及各项响应措施的效果。表 4-2 是基于压力-状态-响应模型提出的通用指标框架，可以供开展政府环境绩效评估时参考。

表 4-2　基于压力-状态-响应模型的绩效评估指标框架

指标类型	一级指标	二级指标	备注
环境压力指标	污染物产生强度	单位产品或产值污染物产生量	
	能源使用强度	单位产品或产值能源消耗量	
	物质材料投入强度	单位产品或产值原辅材料投入量	
环境状态指标	环境质量状况	环境质量指数或主要污染物浓度	
环境响应指标	环保投资	环境污染防治投入	需要合理界定环保投资范围
	治理效率	主要污染物去除效率	
	能力建设	环境监管能力投入	

需要强调的是，政策效果的评价不仅能通过单一指标来描述，而且可以通过以影响为核心，与压力、状态和响应指标的组合分析实现（表 4-3）。

表 4-3 环境绩效指标分析

类别	政策效果指标	功能
独立描述性指标	响应	衡量政府工作努力
	状态	检查环境质量改善
	压力	衡量环境压力变化情况
组合描述性指标	响应-压力	衡量减排目标实现程度
	响应-状态	衡量环境质量是否得到改善
	压力-驱动力	衡量经济结构是否得到优化
综合性量化指标	绩效指数	衡量综合效果

4.4 分析方法

环境绩效评估过程中最重要的是评估方法的选择。自环境绩效评估开展以来，不同国家、组织和机构开发出了不同的评估方法和指标体系以满足不同目的的绩效评估管理需求。

环境绩效评估方法多样，类型各有不同。加权评分法、比率分析法、趋势分析法等是环境绩效评估中的一些常用方法。多元反馈评估法、公众参与评估法等重点关注评估主题的确立。层次分析法等定性方法主要用于确定各指标的权重，是绩效评估指标选择和衡量过程中的重要方法。目标渐进法和目标-历史综合比较评估方法是采用现状值与目标值、现状值与历史基准值对比得到环境绩效指数的方法，侧重对评估结果的分析比较。

按照是否基于模型分析，环境绩效评估定量分析方法可分为指标评估法和模型分析法两大类。

4.4.1 指标评估法

目前，国内外环境绩效评估的指标体系种类繁多，世界范围内不同国家、各组织机构开发了多套指标体系用于环境绩效评估。

不同组织和机构的绩效评估指标体系各有特色。ISO 评估指标体系更关注的是企业整个运营过程中对环境造成的影响，对企业的环境绩效管理和评估具有指南和框架意义。生态效益指标架构关注的是评估产品或服务的生态效益。可持续发展报告指南体系侧重于为环境绩效评估提供技术指南。而一些国际组织的环境绩效评分系统更注重针对宏观生态和能源问题、经济发展与规划等方向的评估。

各国各行业协会也针对各自的环境绩效评估目标开发了适宜的环境绩效评估指标体系。欧洲环境署（EEA）发布了适合土木工程和公共基础设施的评估指标体系。日本环境省在 2003 年发布了《组织环境绩效指标指南》。美国绿色建筑协会和绿色建筑倡导组织等开发了绿色能源与环境设计先锋奖（LEED）和绿色地球（Green Globes）等打分系统，重点关注的都是建筑行业的环境绩效及其评估方法。

此外，其他一些个人和机构也对环境绩效评估和打分系统做了相关研究。英国部分大学联盟已经开发了一套名为 ISAT/F 的软件工具包通过规模、生命周期等多方因素情况来评估城市环境可持续性。可持续平衡记分卡等方法也在国内实践中得到了广泛运用。

4.4.2　模型分析法

基于模型的环境绩效评估方法包括全生命周期评估法（LCA）、生态足迹模型评估法（EF）、模糊逻辑综合指数法和可持续性评估法（SEA）等应用方法，也可以用来分析环境绩效。

全生命周期评估法（LCA）评估的是在产品或服务的全生命周期过程中，有关环境健康和环境安全以及其他有可能产生的环境影响的绩效。通过全生命周期分析，可以了解整个产品生产过程中各个节点的环境影响大小，获悉其环境绩效的优劣。在全生命周期评估的基础上，研究人员开发了多种环境绩效评估工具。采用基于计算机系统工程的全生命周期评估法，利用数据模拟方式进行的环境绩效评估方法在非食品的农业加工过程中得到了合理应用。Downton 等应用 EPA 模型、能源绩效评估工具以及全生命周期评估方法对建筑项目的早期环境绩效进行了评估。

生态足迹模型评估法是利用建立的评估模型，通过生态足迹的计算和分析，发现和计量潜在的环境影响，促进从业人员的生态意识的提高，给出提升环境绩效的相关建议的过程。其本质可以认为是一种环境绩效管理系统。通过这种模式的环境绩效管理方式，加强员工的绿色意识，培养绿色管理模式，降低能耗、削减支出。

模糊逻辑综合指数模型法适合辅助管理者进行环境绩效考核，相比于传统方法更为强劲有力。2011 年，Hasanali Aghajani 等发布了有关模糊逻辑模型在环境绩效评估中应用的研究成果。先利用文献检索和专家访谈，选择了定量评估因子，再使用模糊运算函数，开发建立了一个模糊评估系统。在该系统的基础上，能够定期进行环境绩效评估、总结和回顾。

可持续性评估法是未来发展的新方向。Yigitcanlar 等也构建了名为 SILENT 的模型进行城市环境综合绩效评估。该系统是一个类似于地理信息系统的城市可持续评估模型，是一个城市综合可持续性评估平台。而根据 Pavol Molnar 等在 2012 年发布的研究成果，其在全生命周期评估的基础上进行改进建立了更为合理的 IMPACT 计算模型，用以评估中小企业的环境绩效，满足其可持续性决策的需要。

4.4.3 动态环境绩效评估方法研究进展

传统的静态环境绩效评估方法不能体现环境绩效动态变化特征，对环境绩效持续改进方面的关注尚有不足，难以为管理决策提供全面的环境信息和决策支持。动态环境绩效评估方法应运而生。在静态绩效评估的基础之上，得到有关环境绩效各指标的基础得分，在此基础上引入动态绩效的评估方法，对企业和组织机构的环境进行动态评估即为动态环境绩效评估。

2007 年，陈静等运用数据包络分析方法（DEA）开发了一套基于生态效益理念的企业环境绩效动态评估模型。该模型利用模糊综合指数法对企业的环境绩效先进行静态评估后筛选出环境绩效基分，再采用 DEA 方法进行动态评估。利用 DEA 方法对输入输出值的变化趋势和程度进行分析，从而实现动态评估，找出 DEA 的最优水平，反映该企业的当前环境表现是否有所改进，为后续的环境绩效提升管理过程指明方向。

2008 年 Mika Kortelainen 发表了以 Malmquist 指数为基础的动态环境绩效评估方法。Malmquist 生产率指数（曼氏指数）是在 Malmquist 数量指数与距离函数概念的基础上建立起来的用于测量全要素生产率（TFP）变化的指数。其结合边际效率和 Malmquist 数量指数两种方法，开发了环境绩效动态评估指标体系，深入探讨了生态效率的改变是如何影响总体的环境绩效的。

围绕动态环境绩效评估进行的相关研究十分有限。对于环境绩效的动态评估方法的探索可以成为后续的发展方向。

4.5　评估的一般流程

不同的机构在开展环境绩效评估的过程中会有一套固定的一般性流程，但是不同机构的评估流程往往不尽相同。例如 OECD 定义的环境绩效评估的程序主要包括五个步骤，分别为：准备阶段、评估阶段、报告编纂阶段、互动评估阶段、评估报告散发和宣传阶段。其中准备阶段为评估目标的确定，数据收集和预处理；评估阶段为指标体系建立，指标权重确定和指标计算；报告编纂阶段为编写评估报告阶段；互动评估阶段是 OECD 的一大特色，通过与被评估对象（往往是国家）的互动来更加客观地评价其环境绩效；评估报告散发和宣传阶段则是围绕宣传评估结果开展一系列活动。

耶鲁大学在开展环境绩效评估过程中采取的一般流程包括确定评估目标、确定政策领域、选择评估指标、进行数据准备和复权加总五个步骤。其中，确定评估目标包括对不同环境领域的一个区分，例如针对的领域是环境健康或生态系统等；确定政策领域是为了和评估目标相辅相成达到统一的目的。总体来说，耶鲁大学的评估流程比 OECD 的更加具有目标和政策针对性，这也是因为两家机构的关注角度有所区别，OECD 一般是关注国家的整体环境绩效，而耶鲁大学更关注环境政策的执行效率和效果。

无论是 OECD 还是耶鲁大学，他们所做的环境绩效评估都是站在第三方机构的角度上。无论是对评估结果的需求还是评估过程的管理，第三方机构和污染主体以及管理部门都是有一些差异的。

综合二者对于绩效评估的一般流程，可以归纳为问题识别、构建指标体系、数据收集、指标权重确定、指数构建、分析和结论建议 7 个一般性步骤。对于污染主体和管理部门来说可能还需要在最后增加一个评估结果发布与宣传环节，对于地方机构来说或许需要增加打分和排名环节。

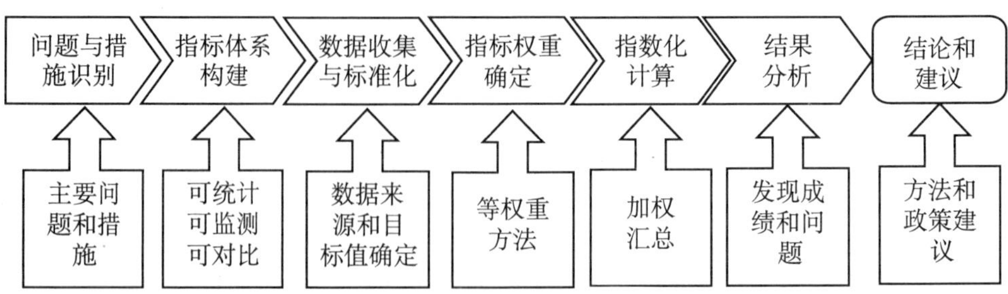

图 4-1　环境绩效评估的一般流程

4.6 数据收集

数据收集是按照确定的数据分析框架，收集相关数据的过程，它为数据分析提供了素材和依据。这里所说的数据包括第一手数据和第二手数据，第一手数据主要指可直接获取的数据，第二手数据主要指经过加工整理后得到的数据。数据收集是绩效评估的基础也是关键步骤，一般数据来源主要有以下几种方式：

（1）数据库

每个企业或者政府机构都有自己的数据库用来存放相关的业务数据，这些数据库是庞大的数据资源，需要有效地利用起来。

（2）公开出版物

公开出版物是收集数据的另一大途径，我国主要用来收集数据的公开出版物包括《中国统计年鉴》《中国城市年鉴》《中国人口统计年鉴》《中国环境统计年鉴》《中国农业统计年鉴》等。

（3）互联网

随着互联网的发展，网络上发布的数据量也在直线上升，搜索引擎的出现大大提高了人们查找数据的速度和效率，例如国家及地方统计局网站、行业组织网站、科研机构网站等大量的网站都可以满足人们对数据的需求。

（4）调查研究

一些绩效评估需要和地方政府或者企业进行对接，很多时候通过以上 3 种方法获得数据会比较困难，这些时候可能需要采用调查研究的方式收集和整理需要的数据。调查研究指运用科学的方法，有目的、系统地收集和记录相关的信息和资料。调查研究可以弥补其他数据收集方式的不足，但调查研究的成本较高，其会存在一定的误差，故只作为参考之用。

另外，在数据的收集过程中，为了完成高质量的绩效评估，对于数据质量需要进一步控制，对数据来源可靠性等需要进行甄别，对一些指标所需要的数据需要有基本的判断，一些基本的原则包括：

（1）数据可获得性

数据可获得性要求在评估期间内的数据有稳定的提供源，数据连贯性保持一致，如果是政府的绩效评估，还要保证数据是通过公开发表的渠道获取。

（2）数据可对比性

数据可对比性要求在评估期内不同评估对象采用的数据具有可对比性。

（3）数据真实性

数据真实性要求参与绩效评估的数据在获得渠道和来源方面要保证真实可靠，不能有虚假数据掺杂其中。

4.7　指标体系的构建

指标体系的构建是绩效评估当中很重要的一个步骤，指标体系是绩效评估的核心，评估的目的、意义和用途等关键因素都能在指标体系当中反映出来。指标体系并不是将所有评估的目标、指标毫无顺序或类别地堆放在一起，而是通过逻辑框架将不同指标根据内在联系进行归纳整理。逻辑框架是指标体系构建的向导和基石。只有确定了逻辑框架才可以将指标体系顺利地构建出并进行评估。

比较常用的环境绩效评估逻辑框架包括压力-状态-响应框架（pressure-state-response，PSR）和驱动力-压力-状态-影响-响应框架（driving forces-pressure-state-impact-response，DPSIR）。

这两个框架都起源于 20 世纪末的欧洲，主要是通过逻辑关系将人类生产、生活和环境影响有机地结合起来，通过人类的影响来反映环境的变化。在环境绩效评估中这两个框架的使用比较常见，应用的领域也比较广泛，无论是政府、企业还是行业甚至是全球的评估都可以借鉴这两个逻辑框架的基础来进行指标体系的构建。

4.8 数据预处理

数据预处理是指对收集到的数据进行加工整理，形成数据分析的样式，它是数据分析前必不可少的阶段。数据处理的基本目的是从大量的、杂乱无章、难以理解的数据中，抽取并推导出对解决问题有价值、有意义的数据。

数据预处理主要包括数据清洗、数据转化、数据提取、数据计算等处理方法。一般拿到手的数据都需要进行一定的处理才能用于后续的数据分析工作，即使再原始的数据也需要先进行预处理才能使用。

4.9 数据的计算

4.9.1 标准化方法

数据的标准化（normalization）是将数据按比例缩放，使之落入一个小的特定区间，在某些比较和评价的指标处理中经常会用到。数据标准化可去除数据的单位限制，将其转化为无量纲的纯数值，便于不同单位或量级的指标能够进行比较和加权。

比较典型和常用的标准化方法包括0～1标准化和Z标准化。

4.9.1.1 0～1标准化（0-1 normalization）

也叫离差标准化，是对原始数据的线性变换，使结果落到［0，1］区间，转换函数如下

$$x = \frac{x - \min}{\max - \min}$$

式中，max 为样本数据的最大值，min 为样本数据的最小值。计算出的结果为指标指数（x），可以进行指数结果对比，x 为总体样本。

0～1 标准化方法计算的指数数值可以控制在任意给定的区间范围内，可以是0～1 也可以是0～100，在进行标准化评估前，可以根据需要进行调整。在大多数绩效评估中，由于数据清晰，目标值可获得，研究当中数据标准化多采用0～1标准化方法。

4.9.1.2　Z-score 标准化（zero-mean normalization）

也称标准差标准化，经过处理的数据符合标准正态分布，即均值为0，标准差为1，也是 SPSS 中最为常用的标准化方法，其转化函数为

$$x = \frac{x - \mu}{\sigma}$$

式中，μ 为所有样本数据的均值，σ 为所有样本数据的标准差。Z-score 标准化法多用在统计数据在同一指标下，具有相同单位和可比较性的基础上。因此 Z-score 标准化法不适用于多指标构建的绩效评估，比较适用于单指标、大数据量的标准化处理。

4.9.2　权重确定方法

权重是表示某一指标项在指标项系统中的重要程度，它表示在其他指标项不变的情况下，这一指标项的变化对结果的影响。

权重的确定方法从宏观上来说分为两种：主观赋权法和客观赋权法两大类。主观赋权法主要是由专家根据经验主观判断而得到，如层次分析（AHP）法、德尔菲（Delphi）法等，这种方法人们研究较早，也较为成熟，但客观性较差。客观赋权法的原始数据是由各指标在评价中的实际数据组成，它不依赖于人的主观判断，因而此类方法客观性较强，如变异系数法（coefficient of variation method）。变异系数法直接根据指标实测值经过一定数学处理后获得权重，是一种客观赋值的方法。当由于评价指标对于评价目标而言比较模糊时，采用变异系数法进行评定是比较合适的，适用各个构成要素内部指标权重的确定，在很多实证研究中也多采用这一方法。缺点在于对指标的具体经济意义重视不够，当然也会存在一定的误差。

层次分析（AHP）法是美国匹兹堡大学教授 T. L. Saaty 提出的一种定性与定量分析相结合的多目标决策分析方法。层次分析法基本原理可归纳为层次的数学原理、递阶层次结构原理、两两比较标度与判断原理、层次排序原理。通俗地讲，层次分析法基本原理就是把所要研究的复杂问题看作一个大系统，通过对系统的多个因素的分析，划分出各因素间相互联系的有序层次；再请专家对每一层次的各因素进行较客观的判断后，相应给出相对重要性的定量表示；进而建立数学模型，计算出每一层次全部因素的相对重要性的权值，加以排序；最后根据排序结果规划决策和选择解决问题的措施。

由于评价指标体系中的各项指标的量纲不同，不宜直接比较其差别程度。为了消除各项评价指标量纲不同的影响，需要用各项指标的变异系数来衡量各项指标取值的差异程度。各项指标的变异系数公式如下

$$V_i = \frac{\sigma_i}{\bar{x}_i} \quad (i = 1,2,\cdots,n) \tag{4-1}$$

式中：V_i ——第 i 项指标的变异系数，也称为标准差系数；

σ_i ——第 i 项指标的标准差；

$\bar{x}_i$ ——第 i 项指标的平均数。

各项指标的权重为

$$W_i = \frac{V_i}{\sum_{i=1}^{n} V_i} \tag{4-2}$$

等权重法是一种较为简单并且相对客观公正的权重赋权方法，等权重法即视所有评价指标在评价过程中拥有相同的重要性，因此按照指标数量和计算指数平均赋予权重。等权重法多用于多指标，指标之间较少相关性且重要性不具量化可比性的指标体系构建。

4.10 结果的分析与展示

绩效评估的结果分析和展示主要是为了让污染主体或是管理部门通过数据的分析和结果的展示了解评估对象的绩效。

数据分析是指用适当的分析方法及工具对处理过的数据进行分析，提取有价值的信息，形成有效结论的过程。在绩效评估中，确定绩效评估的方法学后，即可以确定数据分析的思路，根据需要分析的内容确定适合的数据分析方法。在得到有效的结论后，数据分析还需进行结果检验分析和数据敏感性分析等以得到更加公正和客观的结果。

数据结果展示的一个重要原则就是保证展示的结果与大部分人的理解保持一致。一般情况下，数据是通过表格和图形的方式来呈现的。常用的图表包括饼图、柱形图、条形图、折线图、散点图、雷达图等，对于这些基础图形进行加工就可以得到更多的表达结果的高级图形，例如金字塔图、矩阵图、漏斗图、帕累托图等。大多数的时候绩效评估的结果可以更加有效和直观地通过图形的方式表达出来。但是在有些情况下，表格配文字说明也可以很好地将分析结果进行描述并解释给评估的受众。

第5章

环境绩效评估相关案例

自从可持续发展理论出现以来，越来越多的治理过程，尤其是环境治理，将该理念考虑进去。在这种背景下，作为一种环境治理的新手段，环境绩效评估受到的关注也日益增长。Lehtonen（2005）在评价经济合作与发展组织（OECD）环境绩效考核项目时，认为这一发展趋势得益于两方面的发展：新公共管理（NPM）模式的出现以及落实可持续发展时为满足复杂而不确定的多元化价值管理理念而寻找新的政策工具的需要。

如今我们生活在一个“问责制”时代：社会和政府都在问责关系中存在运作（Wang，2005）。政策工具设计将利益相关者也考虑在内，而且政府越来越多地发挥一种“促进”作用，而不只是进行监管。为履行对公众的责任，政府定目标、作承诺、制定政策，并采用相应的政策工具；而实现环境目标需要加强环境资源利用效率的机制与激励措施。因此，政策工具在环境绩效中起着至关重要的作用，各种政策工具（管理、经济、制度、教育及相关信息、执法与合规等）理应被慎重对待（OECD，1997）。

评估不仅可以看作是环境管理的一个工具，同时也是“委托人”和“受托人”之间的一架桥梁。评估可以用于不同的领域，并能反映不同的问题，比如环境状况及其趋势、环境效益与环境效率、环境合规现状等（Ramos，Lves 等，2009）。因此，在某种程度上评估必不可少，它不仅有用并且对政府及其利益相关者都很重要。

在过去20年里，出现了一些以环境为重点或将环境作为不可或缺的重要部分的评估实践，如经济合作与发展组织（OECD）发起的环境绩效评估（以下简称EPR)、耶鲁大学环境法律与政策中心(YCELP)和哥伦比亚大学国际地球科学信息网络中心(CIESIN)提出的环境绩效指数(以下简称EPI)、亚洲开发银行(ADB)的大湄公河次区域环境绩效评估(以下简称GMS EPA)和欧洲委员会负责的欧洲城市审计(以下简称UA)等。这些主题不同,评估对象不同(全国、各个城市以及各部门等),其指标、数据和方法可能也有很多差异;然而,尽管命名、范围和等级水平不同,但在一定程度上仍可以看作是属于“评估”的概念范畴。

不同的目的、意义和应用领域赋予了评价不同的内涵。在实践中涉及环境问题时,也会被认为等同于(或类似于)评估、审计、考核(三者异同见表5-1)及其他概念。

表5-1 评估、审计和考核的异同

	评估/评价	审计	考核
目标	了解绩效现状,完善未来绩效	验证其合法性和规范性(绩效审计与效率效能以及高水平管理密切相关)	完善行动或过程
标准设置	由评估方或双方确定标准	由独立机构或审计员确定标准	由评价方确定标准
管理	被评估方可选择利用评估反馈	(审计单位内外部)高级管理人员可利用审计反馈	被考核方可利用考核反馈
分析深度	通过回答为何以及如何改善未来绩效等问题来进行透彻分析	依据标准化的预定指标	依照目的、标准和方法
产出	结论与下一步行动计划的展望	向高级管理层报告缺陷并提出改善建议(非必要)	结论与建议

评估是依照定义清晰的标准和科学的方法,根据所知进行系统分析,并做出判断(“价值”)的特定“评价”过程。它通常给出一个成果或者失败的大概结果。有时也会提出一些改进建议,但并不是非有不可。最近,环境绩效评估作为绩效管理不可或缺的一部分,受到了越来越多的研究者关注。环境绩效评估作为一种工具,不仅针对各组织机构,甚至于整个经济领域。Jasch(2000)认为,环境绩效评估是一个不断收集、评估数据与信息的过程,从而提供当前绩效评价以及随时间变化的趋势。它是个持续的过程,而非一蹴而就的活动。EPE(环境

绩效评价）定义为："通过指标选择、数据收集与分析，依照环境绩效准则的信息评估、报告与沟通以及定期考核并改善来促进关于组织机构环境绩效管理决策的过程"（ISO 14031，1999），这一定义也强调了它是一个过程，明确表示其目标与作用是"促进管理决策"。

通常情况下，评估用作一种管理工具时也有类似于评价的意义，尽管字典里它们的意义不同。评估是指按照经济预定标准，依据组织机构执行某项特定活动或一系列活动的效率和效果，确定行动与过程的效果，其始终与绩效息息相关。在实际管理中，组织机构（公共或私立部门）总是在绩效的某些特定方面设置常规目标，并根据该目标对其绩效进行监控和评价（OECD，1997）。另外，通过实施环境绩效评估审查负责保护环境质量的政府机构的记录，可以确定未来绩效的改善范围（ADB，2008），促进环境绩效的改善。

考核往往是一种带有强制性、目的性更强的评估，考查审核既定目标的实现程度，改进行动或活动流程，主要在修订战略、政策或计划的过程中进行。环境考核是对环境保护和改善措施的综合分析，最终也是为了促进环境绩效的改善。

如今，审计被看作是一个意义广泛的概念，审计的范围也各不相同，包括金融审计、合规性审计以及绩效审计。可以采用内部或外部审计，进行内部审计能满足管理需求，独立审计员进行的外部审计通常履行法定义务。内部审计的特定任务是监控管理控制系统，向高级管理层报告缺陷并提出改善建议（OECD，1997）。环境范围内，环境审计以及环境绩效评估可以帮助组织机构的管理部门评估其环境绩效并确定有待改进的地方。环境审计有别于传统的环境监测，传统的监测包括样本收集和简单分析，有时候还有存储分析。然而，基于监测的环境审计可以确定现有项目为何无法满足立法机构、监管机构和生态保护主义者的需求，并强调通过促进环境项目的设计和实施改善环境监测和评估。

总之，与环境绩效评估类似的概念有很多，国内所采用的绩效评价、绩效考核等涵义大同小异。由于缺乏统一规范，在具体的实施过程中，尤其是在项目层面，开展绩效评估工作所采取的名称往往有较大差异。但总的说来，它们都体现了评价的基本特征，注重基于数据及预定标准的系统过程，而且最重要的是，它们都旨在推动与环境问题有关的政策决策，并不断促进环境绩效与环境保护。

5.1 国际案例

5.1.1 可持续发展指标体系

5.1.1.1 背景

基本描述见表 5-2。

表 5-2　基本描述

提出时间	主要领导	范围	等级	强制/自愿	频率
1995	联合国可持续发展委员会	1996—1999 年：22 个试点国家和与此过程有关联的其他国家	国家级	自愿	不定

1992 年召开的联合国环境与发展大会认为，环境指标在协助各国在可持续发展方面做出正确决策上能发挥重要作用。这一认知在《21 世纪议程》第 40 章中有明确阐述，其中呼吁各个国家以及国际、政府和非政府组织开发确定可持续发展指标，为各级决策提供可靠依据。此外，《21 世纪议程》明确要求开发针对国家、区域及全球层面的可持续发展指标，定期更新、共享包含这些指标的报告及数据库（联合国，2007）。

为响应这一号召，联合国可持续发展委员会（UN CSD）于 1995 年批准了可持续发展指标工作的五年工作计划（1995—2000 年），并且要求联合国各组织、政府间组织和非政府组织与秘书处协调落实该工作计划的关键步骤。

5.1.1.2 目标

UN CSD 工作计划的主要目标是通过定义国家层面的可持续发展指标，阐明其内涵、给出其评价方法并安排培训和其他活动，使国家决策者了解并利用这些指标进行决策。同时，呈递给委员会及其他政府间机构的国家报告也可采用决策中所用指标。

5.1.1.3　内容

第一版可持续发展指标草案由隶属联合国经济和社会事务部的可持续发展司（DSD）和统计司共同讨论制定。然后该草案成为联合国的一些组织机构与其他政府间和非政府国际组织在达成共识的过程中广泛关注的焦点，这部分工作由DSD负责协调。最后得到一组包含134个指标的指标集。1995—1996年，参与协商的组织机构起草了所有指标建立的方法表并连同这些指标一起发表在一本名为“蓝皮书”的刊物中，进而为人们所熟知。

1996—1999年，来自世界各地的22个国家主动参与到指标集的试点工作中（表5-3）。为了完成这一任务，DSD制定了实施指标的指导方针，发起了一系列区域介绍会和培训研讨会，组织了各项国际研讨会，并促成试点国家之间结成战略合作互助。

表5-3　测试国家

地区	国家
非洲	加纳、肯尼亚、摩洛哥、南非、突尼斯
亚洲与太平洋地区	中国、马尔代夫、巴基斯坦、菲律宾
欧洲	奥地利、比利时、捷克、芬兰、法国、德国、英国
美洲与加勒比海地区	巴巴多斯、玻利维亚、巴西、哥斯达黎加、墨西哥、委内瑞拉

1999—2000年，DSD对各国试点成果进行了评价，并对指标集加以修订。总体而言，尽管各国在体制方面、尤其人力资源和政策协调领域面临巨大挑战，但他们普遍认为试点工作比较成功。

以国家发展政策整合指标方案并将它们转变为固定工作计划的提议在众多建议中呼声较高。大多数国家也发现最初的CSD指标集太大难以实施。因此，修改后的CSD指标集减少，只余58个指标，包含在政策主导的主题与次主题框架中。这些指标于2001年提交给了CSD，随后作为第二版“蓝皮书”的一部分予以出版。

总之，在早期，CSD 及其秘书处就对指标在实现可持续发展目标的潜在作用十分关注，他们及时开辟了一个论坛以供各国政府、国际组织、各利益相关者参与国家级指标的讨论。可见 CSD 在推进这方面工作的积极作用不容小觑。

2005 年，DSD 开始启动可持续发展指标审查程序。该程序符合 2001 年 CSD 关于指标持续审查的决策，其实施很大程度上是出于两个原因：①距上次修订已有五年时间，对指标已有些看法和观点，而且在国家层面上应用可持续发展指标方面的经验也明显更加丰富。许多国家根据 CSD 指标已制定出它们自己的指标集。②《联合国千年宣言》自 2000 年通过以来，制定指标并用来衡量在实现“千年发展目标”方面取得的进展备受联合国及其成员国关注。

2007 年第三版 CSD 指标包含一组有 50 个核心指标的集合（表 5-4 和表 5-5）。这些核心指标是 96 个可持续发展指标的一部分。引入一组核心集有助于使指标集便于管理，而更大的集合可以包含其他附加指标，让各国能够对可持续发展进行更全面、更易区分的评估。核心指标必须满足三个条件。首先，涵盖与大多数国家的可持续发展相关的问题。其次，提供其他核心指标所没有的关键信息。最后，大多数国家可以以现成的数据或以合理的时间和成本得到的数据计算出来。相反，非核心指标要么只与较少的一部分国家相关，为核心指标补充信息，要么是大多数国家难以获取的信息。

该指标体系保留了 2001 年采用的主题/次主题框架。这样，它才能与采用国家级可持续发展指标集的大多数国家的实践惯例保持一致，与国家可持续发展战略监控有直接关联。同时，人们也注意到，替代框架有重要情况在其他地方发生，而这些将会在 CSD 指标以后的修订中予以考虑。

表 5-4　CSD 指标主题（第三版）

贫困	治理	健康	教育
人口特征	自然灾害	大气	陆地
海洋、海岸	淡水	生物多样性	经济发展
全球经济伙伴关系	消费方式与生产模式		

资料来源：联合国，2007。

表 5-5　CSD 可持续发展指标（第三版）

主题	次主题	核心指标	其他指标
贫困	收入贫困	生活在国家贫困线以下的人口比例	日收入低于 1 美元的人口比例
	收入不均	全国收入最高与最低相对比例	
	公共卫生	改良卫生设施覆盖的人口比例	
	饮用水	安全水源覆盖的人口比例	
	能源获取	电力或其他现代能源服务未供应家庭比例	使用固体燃料烹调的人口比例
	居住条件	居住在贫民区的城市人口比例	
治理	贪污腐败	行贿人口比例	
	犯罪	每 10 万人中国际杀人犯的数量	
健康	死亡率	5 岁以下死亡率	出生时的健康预期寿命
		出生时预期寿命	
	医疗服务供给	可享受基层医疗设施的人口比例	
		儿童传染性疾病免疫接种	
	营养状况	儿童的营养状况	
	健康状况与潜在风险	重大疾病如 HIV/AIDs、疟疾、肺结核等的发病率	烟草消费普及情况
			自杀率
教育	教育水平	初等教育毕业生总人数	终身学习
		初等教育净升学率	
		成人中等（高等）教育学业水平	
	知识水平	成人识字率	
人口特征	人口	人口增长率	总生育率
		依赖比率	
	旅游业		当地居民占主要旅游区和景点游客的比例
自然灾害	易遭自然灾害	居住在灾害频发地区的人口比例	
	灾害防备及应对		自然灾害所致人员伤亡和经济损失
大气	气候变化	二氧化碳排放	温室气体排放
	臭氧层损耗	损耗臭氧层物质的消耗	
	大气质量	城市大气环境污染物浓度	

主题	次主题	核心指标	其他指标
陆地	土地使用情况		土地利用变化
			土地退化
	荒漠化		受荒漠化影响的土地
	农业	耕地和永久性耕地面积	肥料利用效率
			农药利用
			有机农业面积
	林业	森林覆盖的陆地面积比例	脱叶损毁的林木比例
			可持续管理下的森林面积
海洋、海滨	沿海地区	沿海地区人口百分比	沐浴水质量
	渔业	在安全生物极限范围内的鱼类资源比例	
	海洋环境	受保护的海洋区域比例	海洋营养指数
			珊瑚礁生态系统区域和生物覆盖率
淡水	水量	已用水资源总量的比例	
	水质	经济活动的用水强度	水体中的生化需氧量
		淡水中存在的粪大肠菌	
生物多样性	生态系统	受保护陆地面积、总陆地面积、生态地区陆地面积各自所占百分比	废水处理
			保护区的管理效益
			主要生态系统区域
	物种	濒危物种的变化	栖息地遭到的破坏
			众多外来入侵物种
经济发展	宏观经济效益	人均GDP	总储蓄
		GDP中的投资比重	调整后的净储蓄在国民总收入中的比重
			通货膨胀率
	可持续公共财政	GNI中的负债比率	
	就业	就业率	弱势群体就业
		劳动生产率和单位劳工成本	
		在非农业部门就业的妇女的薪资	
	信息通讯技术	每100人中的互联网用户	每100人中安装的固定电话
			每100人中的移动手机用户
			国内研发支出总额占GDP的比例
	旅游业	旅游业对GDP的贡献	

主题	次主题	核心指标	其他指标
全球经济伙伴	贸易	经常往来账户赤字占 GDP 的比例	来自发展中国家和欠发达国家的进口份额
			发展中国家和欠发达国家征收的平均出口关税
	外部融资	发放或接收的净官方开发援助（ODA）占 GNI 的百分比	外商直接投资（FDI）的净流入和净流出占 GDP 的比重
			汇款占 DNI 的比重
消费方式与生产模式	物料消耗	经济材料强度	国内物质消耗
	能源消费	年能耗、总能耗和主要用户类别的能耗	可再生能源在能源总利用中的份额
		能源利用强度、总能源强度和经济活动能源强度	
	废物产生与处理	有害废弃物产生总量	废物产生
		废物处理	放射性废物处理
	运输系统	客运交通方式	货运运输方式
			运输的能源强度

资料来源：联合国，2007。

5.1.1.4　*方法*

确定国家级可持续发展指标通常是通过广大利益相关者之间的动态交互过程和对话讨论进行，包括政府代表、技术专家以及公民社会的代表。这一过程能够让参与者将当地的相关情况以及自身价值体系考虑在内并从自身角度定义可持续性。

指标概念框架有助于集中说明需要的测量对象、测量目标和所用指标。多种核心价值观、指标过程以及可持续发展理论导致开发、应用的框架有所不同。其中的主要差异体现在对可持续发展的关键因素进行概念化的方法、这些因素之间的交互关联、测量事项的分组方式以及论证指标选择整合的理念。

1996 年出版的首批 CSD 指标共有 134 个，根据驱动力-状态-响应（DSR）框架编制，该框架是由压力-状态-响应框架变化而来。DSR 框架中的指标都被归入驱动力、状态或响应。驱动力指标描述对可持续发展有积极或消极影响的进程或活动（如污染或入学）。状态指标描述目前的状况（如儿童的营养状况或由森林覆盖的陆地面积），而响应指标反映的是旨在推动可持续发展的社会行动。另外，第一组 CSD 指标根据可持续发展因素——社会、经济、环境以及制度进行再分组，并与《21 世纪议程》的有关章节相一致。

但压力-状态-响应框架的变体继续用于环保导向性更强的指标集，2001 年修订的 CSD 指标中断 DSR 框架主要是因为它不适合解决各种事宜之间复杂的互动；对指标进行的驱动力、状态或响应分类通常不明确；因果关系不确定；没有充分突出指标与政策议题之间的关系。因此，二次 CSD 指标仍与可持续发展的四个关键因素一起编制，但在一个更灵活的主题/次主题框架中。

CSD 指标的应用是另一焦点。在《可持续发展指标：指南与方法》（第三版）中，有一章节专门指导各国在发展或修改国家指标集时如何应用 CSD 指标。它首先概述了需要考虑的选择标准，继而给出了一个简单工具（矩阵）帮助各国 CSD 选择适合国情的指标。最后，给出 CSD 指标在国家发展战略的应用实例（联合国，2007）。

5.1.1.5　质量控制

除了官方试点国家，一些国家（加拿大、尼日利亚、瑞士和美国等其他国家）通过自愿共享信息、参加会议和其他形式的技术交流也参与了这一过程。

各国要定期提交测试阶段的报告供 DSD 进行分析，并在专家组和测试国家的成员之间传阅。1997 年发布了国家测试进展报告的模板，方便各国提交详细一致的涉及指标与相关方法修订信息的最终版本。

确定国家级可持续发展指标通常是通过广大利益相关者之间的动态交互过程和对话讨论进行，包括政府代表、技术专家以及公民社会的代表。这一过程能够让参与者从自身角度定义可持续性，将当地的相关情况以及自身价值体系考虑在内。主要团体和利益相关者的参与有助于在确定国家可持续发展的优先事项和相应的指标时得到统一完整的用户意见。许多发展中国家、非政府组织、私立部门和其他主要团体都开始关注并参与国家可持续发展指标的制定，推动了国家测试进程（UN CSD，2001）。

5.1.1.6　后续工作

1995—2007 年，联合国可持续发展委员会发布了三版可持续发展指标集。2007 年的第三版是对 1995 年联合国可持续发展委员会批准通过的可持续发展指标工作计划中两组早期指标集的一个后续跟进。前两版指标集分别在1996年和2001年发布。第一版指标框架有134个指标，根据大部分试点国家的反馈：CSD初始指标集太大而难以管理，在第二版中削减至58个指标，包含在政策主导的主题与次主题框架中。第三版指标框架强调50个核心指标。

5.1.2 OECD环境绩效评估

5.1.2.1 背景

基本描述见表5-6。

表5-6 基本描述

简称	提出时间	主要领导	范围	等级	强制/自愿	频率
OECD EPR	1991	OECD	30个OECD成员国和一些非成员国，如白俄罗斯、保加利亚、智利、中国、俄罗斯等	国家级	自愿	不定

原计划授权来自OECD 1991年的环境部长会议。部长们就“实现国内政策目标和国际承诺最好对OECD各成员国的环境绩效进行系统考核”达成共识，同意OECD的工作动议，启动成员国的环境绩效评估。随后在1991年6月召开的OECD部长级理事会会议上确认，并于一个月以后在伦敦七国经济峰会上得到了支持。包括所有成员国和一些非成员国如俄罗斯等33个国家的第一期OECD环境绩效评估已经完成。

1999年，OECD环境政策委员会批准通过了开展第二轮环境绩效评估的工作计划。2001年5月，环境政策委员会（Enviromental Policy Committee，EPOC）和部长级会议通过了“OECD 21世纪前十年环境战略”，由OECD环境绩效评估监控其实施。同时，《部长级理事会会议联合公报》（2001年5月）呼吁OECD协助政府通过构建包括经济、社会以及环境在内的可持续发展指标体系，实施同行评议，来衡量政府环境绩效状况。

2000年，第一轮评估已经完成，随后启动的第二轮评估重点在于促进环境效益、经济效益和可持续发展，强调综合统一经济、社会与环境决策。要求OECD扩展该工作计划，纳入中欧与东欧国家以及非成员国等国家。保加利亚、白俄罗斯、俄罗斯、智利等国同中国一样都于 2006 年 7 月开始实施了此项评估。第三轮评估于 2009 年启动，旨在将评估聚焦于绩效和受评国家最关注的事项。

作为一项自愿参加的活动，EPR 只在提出请求的国家中进行（联合国欧洲经济委员会，2005）。收到一个国家实施评估的正式邀请后，OECD 环境理事会将设立一个评估小组，通常包括其他成员国的三四个专家以及 OECD 其他理事会的成员。通常，一项独立评估过程大约持续一年半（Markku Lehtonen，2005）。

5.1.2.2　目标

评估的主要目的是“帮助成员国提高自身个体环境管理绩效与集体环境管理绩效”。EPR 计划的主要目标是：①通过确定基线、发展趋势、政策承诺、制度安排和常规功能，帮助各国政府开展各自的国家评估并取得进展；②促进成员国之间保持政策对话；③鼓励发达国家成员国政府对公众意见承担更大责任。从大体上讲，前两个目标——能力建设、政策完善与对话——可以属于“学习”类，而第三个则代表问责制，是未经官方认可的 EPR 主要目标。规划用于促进可持续发展，重点制定国内、国际环境政策，用于综合经济、社会和环境因素的决策（OECD，1997a；Fabrizio Pagani，2002；Markku Lehtonen，2005）。

5.1.2.3　内容

评估注重三方面问题：环境管理（“传统”环境问题：空气、水、废弃物、自然保护）；将环境问题与其他政策领域相结合，特别是经济政策和主要经济行业，以及国家的国际环境合作状况。三种主要类型的标准用来分析取得的政策成就：①国家自身的政策目标；②国家的国际承诺；③OECD 主体一致通过的政策取向、原则和建议（如 OECD 环境战略；理事会法案；“污染者付费”原则，“绿色化”，委员会关于公民有权了解环境资讯的建议）。这三类关于目标的主要问题涉及目标是否实现、目标的水平高低、实现目标的成本效益（Lehtonen，2005）。

评估要尽可能利用多项指标来评价取得的进展——尤其是以 OECD 的压力-状态-响应模型为依据的指标（OECD，2001a，2001b）。尽管重点明确在具体政策结果上，但报告却并非只是指标清单，因为并不是所有结果都可以量化，即使那些能量化的，也要在上下文中加以说明。因此，考核注重实现政策目标与政策措施方面的发展趋势（如从纯粹的治理转向预防和治理与预防并重的综合方法）。最后，EPR 试图评估其政策制定是否依赖于适合国情的所有办法（OECD，1997a；Pagani，2002；Lehtonen，2005）。

5.1.2.4 *方法*

EPR 既注重标准化（方法、报告大纲、指标运用，包括增加国际可比性），也重视国情特色（识别不同背景、专门设置的章节、具体指标）。一般的考核过程包括五个阶段：准备阶段、评估阶段、环境政策工作组（WPEP）同行评议会晤、出版阶段和后续跟进与监控（表 5-7）。

表 5-7 EPR 各阶段活动

阶段	活动
准备阶段	OECD 秘书处准备评估大纲 建立评估小组 数据与信息采集 主题讨论和传播
评估阶段	会议专家组与被评估国家的政府及非政府代表的会晤 进一步起草、编制、调整及剪辑合并的草案文本
WPEP 同行评议会晤	起草报告布局 与会讨论 修改并通过“结论”章
出版阶段	修订、更新和其他潜在变动 出版报告
后续跟进与监控	各国以正式的“政府回应”或非正式的口头回应进行使用反馈 根据情况组织开展下一轮评估

同行评议是 EPR 的特点之一，指的是对一个国家绩效的系统考量与评估，最终目标是在运用最佳实践并遵守既定标准与原则的基础上，帮助接受评估的国家制定政策（Pagani，2002）。实行同行评议有很多益处：确保结果公正性、共享成功经验、提高环境政策的透明度，并通过国际对话与合作增强被考核国家的执政能力。

EPR 利用 PSR（压力-状态-响应）框架安排有关污染、资源管理以及将环境与特定经济部门相结合的章节内容（OECD，1997a）。PSR 模型的详细说明见专栏 5-1。

专栏 5-1

压力-状态-响应（PSR）模型

PSR 模型认为：人类活动对环境施压，对环境质量和自然资源总量产生了影响（“状态”）；社会通过制定基本环境、经济和行业政策以及改变行为意识来应对这些变化（“社会响应”）。PSR 模型的优点在于关系明确，有助于决策者和公众了解环境及其他社会问题的相互关联（尽管它也应该阐明生态系统以及环境经济和环境社会之间的相互作用中较为复杂的关系）。

● 环境压力指标描述人类活动对环境产生的压力，包括自然资源在内。此处的“压力”包括潜在的或间接的压力（活动本身和环境意义的趋势及模式）以及类似或直接的压力（资源利用和污染物及废料排放）。环境压力指标重点放在直接压力上，与生产和消费模式密切相关；它们通常反映某个时期内的排放强度或资源利用强度，以及相关趋势和变化。还可以用来表示经济活动与环境压力实现脱钩方面或实现国家目标和国际承诺方面所取得的进度（如减排目标）。

● 环境状态指标与环境质量和自然资源总量及质量有关。因此，它们体现了环境政策的最终目标。环境状态指标旨在综述环境概况（状态）和随着时间的发展情况。环境状态指标包括环境介质中的污染物浓度、临界负荷的超标、受某种污染影响的人口或退化的环境质量和对健康的相关影响、野生动物的现状以及自然资源储量等。在实践中，测量环境状态可能会非常困难或成本很大。因此，通常用测量环境压力来作替代。

● 社会响应指标反映社会对环境问题的反应力度。它们涉及个人和集体行为与反应，旨在：

* 缓解、适应或防止人类对环境的负面影响；
* 终止或恢复已造成的环境损害；
* 保护环境和自然资源。

社会响应指标包括环境支出、与环境相关的税收和补贴、价格体系、环保商品和服务的市场份额、污染减排率、废物回收率等。实际上，指标主要涉及减排防治措施，至于那些反映综合防治措施及行动的则更难获取。

根据 PSR 模型的使用目标，其易于进行调整，从而说明更多细节或具体特点。调整后的版本有 UN CSD 原来在可持续发展指标研究中使用的驱动力—状态—响应（DSR）模型、用于 OECD 的产业指标框架以及欧洲环境总署所使用的驱动力-压力-状态-影响-响应（DPSIR）模型。

资料来源：OECD，2001。

5.1.2.5 质量控制

(1) 利益相关者的参与

接受评估的国家全程参与。准备工作首先是秘书处与受评估国家磋商编制评估大纲，也就是需要进行评估的选题。该国要尽可能地提供更多数据与信息。在评估期间，专家组要与该国的政府和非政府代表进行会晤，包括企业、工会、非政府组织、专家和当地政府代表。该小组已经对被评估国家的现状有了全面了解，因此评估任务并不是一次事实调查，而是集中讨论研究环境绩效评价。所有小组成员都要准备一章任务期间评估报告的初稿。评估国家的专家亲自参加审核小组能够提升透明度，分享宝贵经验（Pagani，2002）。评估国家也会直接参与到秘书处细化报告的工作中来。

(2) 信息源

通常，环境信息与展望事务委员会（WGEIO）定期收集的环境数据和 OECD 核心环境指标集有效地提供了国际认可的环境数据。为了让小组成员在评估前就熟知该国情况，还从受评估国家收集了相关的可用信息和资料（Pagani，2002）。依据 OECD 分类，EPR 需要四种类型信息：国家定性信息、国家定量信息、OECD 信息数据和 OECD 环境指标（OECD，1997a）。

① 国家定性信息：各个国家的环境制度、政策与难题；而对于国际问题，需要提供国际环境协议及其实施力度。该信息库应该尽可能依据现有资料。至于其他的，有以下信息来源：全国通用环境文件（环境报告、统计年鉴、UNCED 报告、全国前瞻性研究、国家战略和国家规划），全国专有环境文件（如航空法、航空政策文件），OECD 其他评估结论（例如，经济与能源评估）和近期环境事件年表。

② 国家定量信息

- 物理环境数据统计；
- 证实 OECD 核心环境指标的国家环境数据；

- 国家环境指标；
- 特殊行业或次国家环境数据（如监测调查结果，市、州或地区的环境数据，正在评估的关键经济领域数据）；
- 与环境相关的经济数据。

③ OECD 常规的以两年为周期的环境数据收集、处理、质量保证和出版提供了符合国际标准的数据来支持 OECD 环境绩效评估。这一周期性致力于环境现状的工作产生了 OECD SIREN 数据库，OECD 的出版物（如 OECD 环境数据汇编、污染治理与防控支出数据），环境信息系统与数据审核（特别是对于新成员国和非成员国）。

④OECD 在环境指标上的努力会有助于环境绩效评估，并按照评估计划逐渐发展。综合特殊经济领域内环境问题的整体环境绩效指标和产业指标（如农业、能源、运输）具有很高的实用价值。

5.1.2.6　后续工作

各国对于 OECD 绩效评估的实践反馈尤为重要。反馈可以是正式的“政府回应”，也可以是各个被评估国家的口头非正式报告（在其后续会议上），而且还可以启动 OECD 考核二期评估（OECD，1997）。

实际上，所有成员国一般根据 OECD 秘书处的建议，在评估结束的两年后发布有关考核建议实施情况的书面报告（Lehtonen，2005）。

5.1.3　环境绩效指数

5.1.3.1　背景

基本描述见表 5-8。

表 5-8　基本描述

简称	提出时间	主要领导	范围	等级	强制/自愿	频率
EPI	2006 年	YECELP 和 CIESIN	2006 年：133 个国家/地区 2008 年：149 个国家/地区 2010 年：163 个国家/地区 2012 年：132 个国家/地区 2014 年：178 个国家/地区	国家级	—	2 年 1 次

环境绩效指数（EPI）由环境可持续指数（ESI）衍生而来，以2006年发布的试点EPI为基础。它也是由耶鲁大学环境法律与政策中心（YCELP）和哥伦比亚大学国际地球科学信息网络中心（CIESIN）与世界经济论坛（WEF）和欧委会联合研究中心（JRCEC）联合开发的，旨在补充联合国千年发展目标中提出的环境目标。EPI衡量实现理想的环保成果这一目标的进度，也考虑到了一个国家的现行政策。由于其严格的投入产出框架和短中期时间范围，能够促进政策层面的问责制和绩效评价，因此预计会对决策者有特殊价值。

目前，已发布五期EPI报告（2006年、2008年、2010年、2012年和2014年）。对于2006年试点EPI中的16项指标，已有有关133个国家/地区的详细数据（YCELP，CIESIN，WEF和JRCEC，2006）。2008年的EPI利用了当时可获得的最佳环境数据，但由于数据源的质量和数量缺乏保证，仍存在诸多不足。在238个预选国家中，2008年的EPI包括其中149个，与2006年试点EPI中的133个国家/地区相比有所增加。但仍然有近90个国家/地区因为六大政策类别之一缺乏数据而被排除在外（YCELP，CIESIN，WEF和JRCEC，2008）。

根据最新的2014年版的EPI，对178个国家/地区的20项绩效指标进行了评价，涉及包括健康影响、生物多样性与栖息地以及气候与能源在内的9大既定政策类别。这些指标能够衡量一个国家政府接近已定环境政策目标的范围。这接近目标法有利于跨国比较以及对地球村在某些特定政策问题上的共同表现的原因分析（YCELP，CIESIN，WEF和JRCEC，2014）。

5.1.3.2 目标

联合国千年发展目标（MDGs）使得对创建污染控制和自然资源管理指标的需求变得更加迫切，全世界各国都致力于一系列重要发展问题上的进展。千年发展目标包括扶贫、改善医疗服务、教育以及环境可持续性承诺等具体目标。然而，千年发展目标环境方面的部分由于定义不明确和衡量标准不足饱受质疑。

环境领域的政策制定者已经开始意识到决策时严格分析理论依据至关重要。然而，尽管政策制定者呼吁制订环境规划时加强理性规范，但大量数据空白及缺乏时间延续性的数据仍有碍于许多环境问题的把握、新出现的难题的识别、评估政策的选择，以及有效性的衡量。EPI 力求填补这些空白，从广义上来说，是为引起人们关注精确数据和合理分析的重要性，它们是制定环境政策的基础。

这些广义目标也反映了全世界环保部门的政策重点以及国际社会通过千年发展目标（MDGs）中目标 7 的意图，即“确保环境可持续发展”。使用不同政策类别中的不同绩效指标来衡量各政策类别的绩效表现，然后再综合得出最终得分（YCELP，CIESIN，WEF 和 JRCEC，2008）。

5.1.3.3　内容

EPI 重点在于两个广义的环保目标：①减轻环境对人体健康的压力，②提升生态系统生命力，促进自然资源合理管理（YCELP，CIESIN，WEF 和 JRCEC，2006 和 2008）。仔细回顾环境文献发现，这两个目标反映了政策制定者优先考虑的事项。2006 年和 2008 年的两个 EPI 框架都有两个目标：环境卫生和生态系统生命力。在 2006 年的 EPI 框架中，使用 6 大政策领域中的 16 个指标来衡量环境卫生和生态系统生命力：环境卫生、空气质量、水资源、生产型自然资源、生物多样性与栖息地，以及可再生能源；在 2008 年的 EPI 指标体系中，气候变化代替了可再生能源，还采用了更多指标，一共有 25 项指标。2010 年的 EPI 中，采用了 10 个政策领域的 25 项绩效指标进行了评价，涉及包括环境公共卫生和生态系统生命力在内的 10 大政策类别。2012 年，EPI 采用了 10 个政策领域的 22 项指标（表 5-9）。2014 年，EPI 采用了 9 个政策领域的 20 项指标（表 5-10）。这些指标能够衡量一个国家政府接近已定环境政策目标的范围（YCELP，CIESIN，WEF 和 JRCEC，2010）。

表 5-9　2012 年 EPI 指标体系结构

目标/权重	政策领域/权重	指标/权重
环境健康（30%）	环境健康（15%）	儿童死亡率（15%）
	空气对人体健康的影响（7.5%）	颗粒物（3.75%）
		室内空气污染（3.75%）
	水对人体健康的影响（7.5%）	卫生设施获得率（3.75%）
		饮用水获得率（3.75%）

目标/权重	政策领域/权重	指标/权重
生态系统活力（70%）	空气对生态系统影响（8.75%）	人均 SO_2 排放（4.38%）
		单位 GDP SO_2 排放（4.38%）
	水资源对生态系统影响（8.75%）	水质变化（8.75%）
	生物多样性/栖息地（17.5%）	重要栖息地保护（4.38%）
		生物圈保护（8.75%）
		海洋保护区（4.38%）
	农业（5.83%）	农业补贴（3.89%）
		杀虫剂管制（1.94%）
	森林（5.83%）	森林增长量（1.94%）
		森林覆盖变化（1.94%）
		森林损失（1.94%）
	渔业（5.83%）	沿海大陆架渔业压力（2.92%）
		过度捕捞鱼类数量（2.92%）
	气候变化/能源（17.5%）	人均 CO_2 排放（6.13%）
		单位 GDP CO_2 排放（6.13%）
		每千瓦时 CO_2 排放（2.63%）
		可再生能源比例（2.63%）

表 5-10　2014 年 EPI 指标体系

目标/权重	政策领域/权重	指标/权重
环境健康（40%）	健康影响（13.3%）	儿童死亡率（13.3%）
	空气质量（13.3%）	家庭空气质量（4.44%）
		空气质量 - $PM_{2.5}$ 的暴露平均值（4.44%）
		空气污染 - $PM_{2.5}$超标率（4.44%）
	水与环境卫生（13.3%）	饮用水获得率（6.67%）
		卫生设施获得率（6.67%）
生态系统活力（60%）	水资源（15%）	废水处理（15%）
	农业（3%）	农业补贴（1.5%）
		农药管制（1.5%）
	林业（6%）	森林覆盖变化（6%）
	渔业（6%）	沿海大陆架渔业压力（3%）
		鱼类资源（3%）

目标/权重	政策领域/权重	指标/权重
生态系统活力（60%）	生物多样性与栖息地（15%）	陆地保护区（国家生物量占比）（3.75%）
		陆地保护区（全球生物量占比）（3.75%）
		海洋保护区（3.75%）
		关键栖息地保护（3.75%）
	气候与能源（15%）	碳排放强度趋势（依国家具体情况而定）
		碳排放强度趋势的变化（依国家具体情况而定）
		用电人口比例（0%，不计入 EPI 得分）
		每千瓦时 CO_2 排放趋势（5%）

5.1.3.4　*方法*

EPI 计算都采用了从 0 到 100 的接近目标的方法，量化跟踪全国核心环境政策目标绩效。通过确定具体目标、衡量目标与现阶段进展之间的差距，EPI 为政策分析提供了经验并为绩效评估给出了具体依据。不管是在全球范围内还是在诸如某些区域或经济体等类似群体中，逐个分析与聚类分析都有助于进行跨国比较（YCELP，CIESIN，WEF 和 JRCEC，2006 和 2008）。

为了对各个国家的环境绩效进行可靠又准确的描述，2008 年的 EPI 只包含有完整数据、覆盖范围包括所有指标和政策分类的那些国家，但也有一些例外，比如“渔业”指标要求参评国家的数据应至少可供计算渔业压力和鱼类资源两个指标当中的一个。一些指标由于缺乏设定特定目标的相应基础信息，便采用初步目标进行国家间的广泛比较。EPI 利用插补模型填补一些指标的缺失数据。

首先，检查每个指标的分布，以确定指标的极值是否偏离，并使用统计方法调整异常值（大于或等于平均值 3 倍标准差），一般削减到第 95 个百分位。少数情况下，即使这种调整后异常值依然很大，调整结果仍会是两个可选值的较高值。

其次，对于超过长期绩效目标或可持续目标的国家，为了避免对“高绩效”的奖励，没有使用高于长期目标的指标值。有时候，如果一个国家远远超过了预定目标，就会对价值重新设置，使其与目标保持一致。经过这两项调整后，会进行一个简单的算术转换：观测值的范围由 0 到 100，其中 100 对应的是目标，零是最低观测值。

最后，进行加权计算。2006 年 EPI 采用混合加权，即结合主成分分析的统计派生加权与反映专家和政策制定者综合判断的加权；2008 年、2010 年 EPI 采用等权重加权，例如，将环境健康和生态系统活力分别赋予 50% 的权重；2012 年和 2014 年 EPI 则在等权重的基础上结合了专家调查对个别指标权重进行调整。方法改变并不意味着在指数设计中放弃严格的统计原则，而是需要一种微妙而又平衡的调和，数据所传达的信息从政策角度来讲“合情合理”（YCELP，CIESIN，WEF 和 JRCEC，2014）。

与 ESI 类似，EPI 在结果分析方面也用到了聚类分析、不确定以及敏感性分析。

5.1.3.5 质量控制

为了确保使用最合适的度量单位，采用以下标准选择指标：①相关性：明确研究大多数情况下与各个国家相关的环境问题；②绩效导向：研究环境条件或实地结果（或是此类结果测定的一个“最佳可用数据”的代理指标）；③透明度：提供明确基线测量，能把握随着时间的变化，数据源以及方法透明；④数据质量：所用数据应符合基本质量要求，代表最佳可用测量。

正如 EPI 报告所述，EPI 建立在一些数据提供者的共同努力之上，包括 EPI 团队之前对 EPI 方法修正和 2005 年的环境可持续指数的数据开发工作。数据主要来自掌握主要领域专业知识，能成功交付操作数据并制定有关跨学科信息工具的政策的国际学术研究机构（YCELP，CIESIN，WEF 和 JRCEC，2008）。

另外，在数据分析中，还采用了不确定性和敏感性分析，用以检验并保证 EPI 结果的稳健性。

5.1.3.6 后续工作

尽管结构和说明遵循同样的通用原则（例如，接近目标的指标融合进政策类别与目标），EPI 不管在结构上还是内容上仍有一些变化。我们可以从以下三个方面分析这些变化：

（1）指标框架

在结构上，2008 年 EPI 的环境卫生和生产性自然资源类别被进一步分成子类别，以反映基础指标之间主题上的相似性。总之，在 2006 年的试点 EPI 中，指标数量从 16 个增加到 25 个。尽管使用了相同的基本政策类别，但 2010 年，环境卫生的子类别环境疾病负担、水和空气污染、林业、渔业和生产性自然资源中的农业等的指标级别得到了提升，总的说来仍有 25 个指标。2012 年和 2014 年的 EPI 仍保持环境健康和生态系统活力两大目标，但政策分类中的一些指标级别已经修改，具体指标分别为 20 项和 22 项。

（2）数据

通常，自第一个 EPI 以来，已经有越来越多的数据可用于指标计算。与 2006 年的 EPI 相比，最新的 EPI 提出包括更全面的数据、能够体现众多环境指标的信息，数据源也有变化。

填补数据空白的方法也有所改变，随着使用的数据插补方法的增多，指标体系中所含的国家也越来越多。

（3）方法

随着指标框架的改变，加权系统也有所改变。总的来看，EPI 的加权方法的变化可分为 3 个阶段：第一个阶段是最初（2006 年）的混合加权方法；第二个阶段是 2008 年和 2010 年采用的完全等权重加权方法；第三个阶段是 2012 年和 2014 年采用的在等权重的基础上结合专家调查微调权重的方法，但这两年的指标权重设置也存在差异，例如，2012 年按照环境健康 30% 和生态系统活力 70% 的权重进行了调整，而 2014 年则将环境健康与生态系统活力的权重分别调整为 40% 和 60%。

至于指标的计算方法，2008 年以后的 EPI 中的一个重要变化是使用对数转换计算许多指标，更加合理。

5.1.4 ADB 大湄公河次区域环境绩效评估

5.1.4.1 背景

基本描述见表 5-11。

表 5-11　基本描述

简称	提出时间	主要领导	范围	等级	强制/自愿	频率
GMS EPA	2003	ADB 和被评估方组成的工作小组	大湄公河次区域国家：柬埔寨、老挝、缅甸、泰国、越南、中华人民共和国（云南和广西）	国家级及两个省级	自愿	不定

大湄公河次区域（GMS）包括柬埔寨、老挝、缅甸、泰国、越南、中华人民共和国（云南和广西）。自 1992 年以来，这些国家就已开始着手经济合作项目（GMS 项目），旨在通过更密切的经济联系促进发展。在亚洲开发银行（ADB）和其他捐赠人的支持下，GMS 项目有助于这些国家实现在交通、能源、通信、环境、人力资源开发、旅游、贸易、私营部门投资和农业方面的高优先级次区域项目。

在 2005 年上海召开的一次 GMS 环境部长特别会议上，发起了 GMS 核心环境项目（CEP），以在保护自然系统和维护环境质量上确保更加强有力的合作。作为 CEP 的一部分，环境绩效评估（EPA）是促进次区域可持续发展的新的管理方法和手段之一（ADB，2008）。

5.1.4.2　目标

EPA 是一种政策与管理手段，旨在使政府能够衡量全国环境目标成功实现的程度，审查可能会减缓整体进度的开发规划流程，并以适当的政策与管理反馈减少开发活动的负面影响（ADB，2008）。

GMS EPA 是社会生态条件的基准和反映，还能促进环境绩效评估（EPA）的制度化（ADB，2008）。

5.1.4.3　内容

CEP 鼓励在 GMS 早期项目——战略环境框架（SEP）第二期使用 EPA，它是 2003—2005 年由 ADB 资助的一个区域技术援助项目。EPA 关键的第一步是确定环境政策问题及相应的目标，在 SEF Ⅱ期间，在每个国家和各次区域都是通过协商研讨会确定一长串政策问题。分组如下（ADB，2008）：

- 自然资源——林业、渔业、海岸区、生物多样性；
- 水资源——水污染；

- 国土——土地退化；
- 城市环境——固体废物、机动车污染、有毒性污染；
- 大气——大气污染、臭氧层消耗、气候变化。

每个国家从首次 EPA 实践列表选择 6 ~ 7 个优先考虑的环境问题，并设法为每个问题进行 PSR 分析，确定至少一个指标。

5.1.4.4　方法

EPA 采用“压力-状态-响应”框架分析环境问题。“压力”是指人类活动对环境的直接和间接的压力。例子包括空气污染物、液体和固体废弃物以及诸如林业等自然资源的开采强度。

“状态”指环境质量和自然资源的数量与质量。环境状态指标包括大气、水和土壤中的污染物浓度以及它们的超标程度，接触污染物对人体健康的影响或环境退化造成的结果，以及野生动物和自然资源储备情况。

“响应”包括政府缓解、适应或防止人类活动对环境的负面影响，停止或修复损害，维护和保护环境与自然资源的一系列活动。这些措施包括政府环境保护支出、鼓励社区和企业恰当行为的税收和补贴政策，以及污染治理与控制的监管和执行（ADB，2008）。

5.1.4.5　质量控制

EPA 是建立在之前次区域 ADB 环境信息项目构建的分析框架和数据库的基础之上。

5.1.4.6　后续工作

2007 年在 EPA 要素的支持下完成了包括遥感和绘图在内的一些 GIS 活动。培训活动的开展旨在培养能够完善 EPA 指标和相应数据的技术与分析能力。到 2010 年，CEP 的目标是所有 GMS 国家定期发布 EPA 报告，各国开始使用 EPA 结果指导综合可持续发展规划流程（ADB，2008）。

5.1.5　欧洲城市审计

5.1.5.1　背景

基本描述见表 5-12。

表 5-12　基本描述

简称	提出时间	主要领导	范围	等级	强制/自愿	频率
UA	2003	欧盟地区政策总司	1999 年：58 个城市；首次大规模（2003—2004）；二次大规模（2006—2007）：欧盟 27 个成员国的 321 个欧洲城市，还有挪威、瑞士和土耳其等国家的其他 36 个城市	市级，大城市带以及副市级区域	自愿	不定，但每三年进行一次数据收集

欧洲城市对生活质量评估的需求不断增长。城市审计政策源于欧盟委员会对“欧盟城市议程”（1997）的交流和讨论，《城市可持续发展：欧盟行动框架》（1998）要求搜集更多欧盟城镇与城市的信息。城市审计也是改善欧盟城市统计过程的一部分。城市审计的设计构思与管理由区域政策总署和欧盟统计局共同负责。城市审计的试验阶段是由欧洲经济研究与咨询联盟（ERECO）完成的，这个顾问团队中包括各成员国的记者。

欧盟委员会于 1997 年 6 月开始城市审计，以公布试点阶段职权范围为标志。试点阶段开始于 1998 年 5 月，根据欧洲区域发展基金（ERDF）的第十条规定，由欧盟委员会提供创新措施的支持。区域政策总署和欧盟统计局（欧盟委员会的统计处）负责管理城市审计。欧盟委员会的其他署长为城市审计包含信息的选择提供建议。

自欧洲城市收集可比的统计数据与指标的试点项目过后，欧盟在 2003 年开展了第一次针对当时欧盟的 15 个国家的全面城市审计。2004 年，项目推广至 10 个新成员国以及保加利亚、罗马尼亚和土耳其。在欧盟统计局的协调下，城市审计范围涉及国家级和城市级的统计部门。

第二次全面城市审计是在 2006—2007 年，涉及欧盟 27 个国家的 321 个城市，还有挪威、瑞士和土耳其的其他 36 个城市。

5.1.5.2　目标

城市审计是为了应对大部分欧盟公民生活的城镇/城市对生活质量评估日益增长的需求。城市审计是由区域政策总署（DG REGIO）和欧盟统计局主导，旨在提供可靠、可比的有关欧盟（EU）成员国（MS）和候选国家选定的城市地区的信息。

根据在欧洲的地理位置（中央—外围，北—南）和不同领域的某些发展

（经济活动、就业、公共交通、教育程度等）方面对地区、国家和欧洲机构的城镇/城市以及城镇/城市本身进行的比较，发现不同城镇/城市之间的差距对政策措施的制定十分重要（欧盟委员会，2004）。

5.1.5.3 内容

继 1999 年 58 个城市的试点研究后，2003—2004 年的数据收集范围扩大，覆盖了 258 个城市。目前，城市审计包括 EU 27 个成员国国家中城市人口在 5 万到 1 000万的 321 个城市、26 个土耳其城市、6 个挪威城市以及 4 个瑞士城市。这些城市是各国统计部门协商选定的，在地理分布上比较分散以确保样本具有代表性，这意味着选定的 357 个城市不一定是最大城市（Feldmann，2008）。

城市审计提供了近 300 项统计指标，呈现诸如人口统计、社会、经济、环境、信息社会等方面的信息（表 5-13）。

表 5-13 城市审计统计数据结构

人口统计 ● 人口 ● 国籍 ● 家庭结构	社会方面 ● 住房 ● 医疗卫生 ● 犯罪活动
经济因素 ● 劳动力市场 ● 经济活动 ● 收入差距与贫困	公民参与 ● 公民参与 ● 地方行政管理
教育与培训 ● 教育培训机会 ● 学历	环境 ● 气候地理条件 ● 空气质量与噪声 ● 水 ● 废物处理 ● 土地利用 ● 能源利用
旅游与交通 ● 交通方式	信息社会 ● 用户及基础设施 ● 地方电子政务 ● 信息通信技术部门
文化与娱乐 ● 文化与娱乐旅游业	——

资料来源：《城市审计方法手册》。

“环境”是城市审计数据结构中的一个重要领域。在这个领域，如表5-13所示选取了6大类别（气候与地理、空气质量与噪声、水、废物处理、土地利用及能源利用）。

城市审计旨在提供3个空间层次的信息（欧盟委员会，2004）：

- 基层核心城市（行政界定）（标签“A”）；
- 大城市带（标签“LUZ”），类似围绕城镇/城市的功能性城市带；
- 街道区域（标签“SCD”），根据严格标准进行的城市细分（各街道区域有5 000～40 000居民）。

5.1.5.4　方法

城市审计项目中使用的评估方法不同，技术难度也不同。许多情况下，使用技术难度低的“务实”方法。对于这些方法，给定指标的评估程序已经融入了对当地情况的具体了解。

“借势”法就是一个务实的方法。其专门了解小空间单元缺乏数据的情况，并以此通过大单元的可靠数据来进行决策。举个具体例子（在德国），估算街道区域收入水平的务实方法一直以较大区域内的可靠实用数据为基础。

在街道区域统计数据的评估中，主要贡献是有关描述小面积区域与较大地区之间关系数据的其他信息（鉴于国家城市审计协调员和地方级合作伙伴）。

如果各种数据源的给定变量（例如，官方抽样调查、局部寄存器和抽样人口普查）有所不同，则需要利用专门了解的务实方法，全面了解国家、地区或地方情况和数据的实用性以及各个数据源结果之间的差异或相似之处的原因，以便让专家采用恰当的评价方法。

在某些情况下，这种务实方法可以以更多的“借势”技术方法补充，通过使用特定方法和计算工具为所需空间单元进行统计性评价。对于区域性和更小地域的评估，现在已经发展出了一些统计方法。本章中，针对城市审计的不同范围（核心城市、副市级区、大城市带）、级别较低的小区域（如空间单元内不同性别-年龄群体）等分别给出了相应统计方法。应用这些方法的前提是牢记城市审计框架中数据的实用性。因此，在为给定情况选择一个适当的方法时，来自不同组织和其他来源的调查数据与辅助数据的实用性至关重要。

应该说明的是，还没有综合或全面的解决方案可适用于各种情况下的小面积评价。专家组已经考虑到了这一点，在国家城市审计协调员的帮助下，专家组给出了一些方法支持和解决方案，尽管这些方法和方案并不是为解决单个问题量身定制的。专家组的主要投入（除了陈述务实的统计评价方法）是适时发问，鼓励创造性思维，促进互相学习和经验分享。

在城市审计项目中，“产出协调”法的一个重要原则是使用符合指标基本概念的标准定义。鉴于此，这些指标是根据所谓的当前最佳方法（CBM）制定的，在给定国家都可以用。一个给定国家的某项给定指标的 CBM 取决于统计基础设施、数据可用性、计算工具与专业知识的可用性，以及类似因素。我们假设没有一个统一的标准方法可以适用于所有国家。在数据汇编过程中，评价方法的可行性经过了专家小组的评估鉴定，可能的话，相关地方还提出了替代方法。因此，方法协调一直是一项重要目标，可能的情况下，还为相关国家提出了类似的解决方案。国家城市审计协调员在这里的积极作用非常重要。提出的方法经过某种程度上的测试后，被国家城市审计协调员或当地专家小组在适当的地方加以推广。在大多数情况下，其结果都与地方级的结果相一致。

5.1.5.5 质量控制

欧盟统计局负责统计数据的整合。城市审计要求大批合作伙伴之中有一位协调员，它们包括国家统计部门（NSOs）、城镇/城市本身、现有城际合作网络、其他国际组织，还有整个欧洲的政治用户，即欧盟委员会以及成员国国家政府等。培养一定质量的欧洲城市统计数据需要所有相关伙伴之间系统的密切合作。

通过这种方式，城市审计有 3 个组织协调水平，分别是欧洲、国家和地方/城市水平。

在 2003 年的城市审计数据收集过程中，欧盟统计局一直负责协调整个欧洲的城市审计数据流。任务（其中，欧盟统计局已经得到了外部立约人的协助）包括与国家城市审计协调员（NUAC）和该委员会的主要用户保持联系、提供数据库以及共享城市审计结果。关于必须使现有数据与要求的统计数据匹配的变量定义和评价方法上的问题，一个由高级统计人员组成的专家组协助欧盟统计局和国家城市审计协调员完成他们的任务。

在组织方面，国家协调部门成为城镇或城市与欧盟统计局之间的强制性纽带。国家城市审计协调员首选国家统计办公室，因为它们拥有必要的统计方面的专业知识，而且往往已经有大量所需统计数据可供使用。在其他情况下，如在德国，城市网络充当国家城市审计协调员。国家城市审计协调员从城镇或城市以及其他来源收集数据并加以验证，确保在时限内传输一组完整的城市统计数据。这一级的收集数据因国家机构而有所不同。NSOs 的数据库或行政记录里已经有很多数据可供使用。剩下的部分数据须从城镇或城市收集。当地政府根据需要收集数据，如城市管理、城镇规划等。

3 种数据收集模式：直接、间接和混合模式有所不同。使用抽样调查只能覆盖部分人口，然而，人口普查能覆盖全部目标人群。在这种双向分类中，四种特殊案例（或方案）在城市审计的背景下貌似相关：方案 1a（利用直接数据收集模式的抽样调查数据），方案 3a（综合利用抽样调查数据和记录数据），方案 1b（利用直接数据收集模式的人口普查数据）和方案 2b（采用间接数据收集模式的人口普查数据）。大多数情况下，根据相关空间单元和目标变量使用不同组合的数据源。除了国家数据库，也考虑到欧盟统计局数据库（NewCronos，REGIO，SIRE）中相关空间单元级（NUTS3，NUTS4 或 NUTS5）的几个变量的调整数据（表 5-14）。

表 5-14　数据收集模式和目标人群覆盖范围不同的数据选项方案

数据获取方式	目标群体的覆盖度	
	A. 部分覆盖（抽样调查）	B. 完全覆盖（普查）
1. 直接获取 调查问卷 例如： —计算机辅助现场调查 —计算机辅助电话访问 —纸笔访问 —信件访问 —互联网调查问卷等	方案 1a：直接获取数据进行抽样调查（传统调查方式之一） 例如： —微普查 —劳动力调查 —欧洲家庭社区调查组 —欧洲收入和生活条件 —家庭支出调查	方案 1b：直接获取数据进行普查（传统调查方式之一） 例如： —利用直接获取数据方式进行短期（普查）与长期（抽样）问卷，用以进行全覆盖的人口普查 —收集管理流程和统计机构的数据

数据获取方式	目标群体的覆盖度	
	A. 部分覆盖（抽样调查）	B. 完全覆盖（普查）
2. 间接获取 数据源 登记 —完全覆盖相关目标群体 —持续更新 管理登记 —是管理流程的衍生成果 统计登记 —由统计机构进行	方案 2a：部分覆盖目标人群的管理等级（实际中极少用到）	方案 2b：利用管理和统计等级数据进行全覆盖普查（在官方统计领域利用率越来越高） 例如： —登记为主的人口普查 —商业登记 —税务登记 —养老金登记 —社保登记 —失业救济登记
3. 混合获取方式 数据源 直接和间接获取相结合	方案 3a：利用访谈与登记数据进行抽样调查（在官方统计领域利用率越来越高） 例如： —利用劳动力调查与失业救济登记数据 —利用家庭支出调查与普查数据 —利用商业登记与调查数据	

资料来源：欧盟委员会。

在城市审计中，在息息相关的小空间单元，最可靠的莫过于人口普查数据（方案 1b 和方案 2b）。相比之下，全国抽样调查通常旨在为大地区提供可靠的统计数据，如整个国家或大片区域。这样，方案 1a 通常就不能用于小面积区域。特殊情况下即使是小（但重要）的区域，抽样设计时通过分层和合适的分配方式也能确保充分的样本量。但是，小区域的估计程序通常是基于向大区域借势的方法。结合方案 1a 和方案 1b 或方案 2b 的特点，方案 3a 的目的就在于此。如果使用该方案，从大区域获得的辅助数据就能够加强可用的抽样调查数据，但在对息息相关的小空间单元进行估计的程序中也有综合数据。这类数据通常为领域和小区域的评估方法提供基本材料。

城市审计试验阶段的结论之一就是数据质量需要改进。DG REGIO 委托欧盟统计局和欧洲统计体系负责实行城市审计。官方统计人员参与 UA2 的数据编译过程，负责保证数据的质量。这是通过使用由国家城市审计协调部门提供的符合国家统计服务的质量标准的官方资料实现的。

在协调国家城市审计协调部门与欧盟统计局之间数据流和创建 UA2 数据库的框架中，为了找出数据中的潜在错误，进行了多重检测。接受委托的专家们设定了指标范围，可能的话会对其中的数据进行检查。对于一些指标很难提前设定范围，只能在数据分析的时候确定，检查所有数据的异常情况。在有关的国家城市审计协调部门协助下，核对和改正所有异常数据。这些检查的更多细节需符合欧盟统计局的要求。

5.1.5.6　后续工作

目前，每三年收集一次数据，但针对少数目标变量的年度数据收集正在计划中。

应区域政策专员 Danuta Hübner 夫人的邀请，实行城市审计的城市的 200 余人代表和其他利益相关方于 2008 年 6 月 10 日聚集在布鲁塞尔，讨论欧洲城市情况和城市审计工作。会议期间，意大利环境研究所（IT）所长 Maria Berrini 发表了演讲——“欧盟城市的环境可持续性与绩效”。

5.1.6　英国生活质量指标体系

5.1.6.1　背景

基本描述见表 5-15。

表 5-15　基本描述

简称	提出时间	主要领导	范围	等级	强制/自愿	频率
QOL	2001	英国审计委员会	地方当局/当地战略合作伙伴（LSPs）	地方的	自愿	不定

2001 年 2 月，审计委员会与 90 个地方委员以及一些战略合作伙伴协调制订了国家试点计划，选择了一组生活质量指标进行测试，用来监测这些社区战略的有效性。

2002 年 9 月，审计委员会发表了《生活质量指标使用》，介绍了试点情况，并给出了推荐实施最佳生活质量指标集，该指标集获得了四个政府部门和六个国家组织的认可与支持。试点当局提出的一个主要问题是指导如何与公众沟通生活质量指标。导则由布里斯托尔市议会的 Sarah McMahon 撰写，后借调至审计委员会负责生活质量指标项目（英国审计委员会，2003）。

2002 年，审计委员会发布了第一份生活质量报告。该报告给出了“如何衡量区域生活质量?”这一问题的答案。这份报告是为期一年的由 90 个当地政府和其他机构与审计委员会共同协作的项目结果，包括 MORI 和政府部门，如副首相办公室（ODPM）与环境、食品和农村事务部（DEFRA）。这不仅有助于定义生活质量内涵，还产生了一组国家核心指标，地方当局及其当地战略合作伙伴可以用来衡量当地生活质量。

自 2002 年的报告以后，包括政府新的 2005 年可持续发展战略和地方区域协议（LAAs）等一些新的指标集和重要举措在内，设定原始指标集的环境已经发生改变。

因此，过去的 9 个月，审计委员会、ODPM 和 DEFRA 一直在协作审查所有这些举措，整合各种可持续发展和生活质量指标集（英国审计委员会，2005）。

这不仅有助于定义生活质量内涵，还产生了一组国家核心指标，地方当局及其当地战略合作伙伴（LSPs）可以用来衡量他们的当地生活质量（英国审计委员会，2005）。

5.1.6.2　目标

交流出版生活质量指标的目的如下（英国审计委员会，2003）：

- 公众有权知道处理改善当地环境、解决当地问题所采取的措施。
- 生活质量指标反映当地区域的“宜居性”和公众价值。这类指标的出版引起了广泛关注，将有助于促进公众参与、引发讨论。
- 指标可以提高人们对当地可持续发展和生活质量的意识，为改变与当地人民息息相关的事情提供行动基础。它们还可以促进个人和社区做出可持续性的选择。
- 指标有助于促进改变。如果有足够关于现状的信息可用和地方当局的广泛参与，改变和新举措可获得更多支持。
- 生活质量指标可以支持社区策略，长期帮助传达、监测和评估这些战略。通过发布指标，让公众了解这些策略。

- 生活质量指标旨在结合来自多个渠道与机构的信息。如果人们能看到“全局”，看到审计委员会服务范围以外，则更容易发现更多有关本地区域的信息。MORI 有大量证据表明，当地人经常不了解也不关心究竟是谁提供不同的服务。服务不到位时，他们往往也没有兴趣厘清各个部门责任：可能仅仅希望通过所有机构找出谁是负责人。无论如何，以 MORI 的经验，公众对于审计委员会或其他公共机构提供的服务有些混淆（英国审计委员会，2003）。

目的通常是制定、推荐一组用于地方层面协调一致的指标，包括经济、社会和环境问题，完善补充新的英国可持续发展战略、新的国家可持续发展指标以及其他可持续社区方面的工作（英国审计委员会，2005）。

5.1.6.3 内容

报告中的当地生活质量指标集包含了 45 个关键措施来实现对当地区域生活质量的“场景描绘”。这个指标集涵盖了一系列重要的对人类长远福祉有影响的可持续发展问题。它有助于衡量国家政策重点以及公共调查研究中重要的关键问题。所有指标都有国家数据来源，包含地方当局及其战略合作伙伴区域的可用信息。通过这种方法，审计委员会可以为各个区域收集准确又有力的数据来和当地对比（英国审计委员会，2005）。

5.1.6.4 方法

不像最早的一组生活质量指标，依据现有国家指标，由审计委员会向各区域提供数据。因此，地方当局不需要单独收集数据。

政府和审计委员会建议地方当局及其战略合作伙伴使用指标集来协助监测社区可持续发展战略的有效性。指标集还有利于地方当局进行综合绩效评估（CPA），监测当地发展状况，试行地方区域协议、交界区域评估（JARs）或区域概况。各个区域当地公共服务的焦点越来越注重成果、多机构协作和货币化价值。这些地方生活质量指标能在接下来的几年里巩固这种转变方面起到重要作用（英国审计委员会，2005）。

5.1.6.5 质量控制

所有指标都有国家数据来源，包含地方当局及其战略合作伙伴的可用信息。通过这种方法，审计委员会可以为各个区域收集准确又有力的数据和当地对比

（英国审计委员会，2005）。

5.1.7 加拿大可持续发展审计

5.1.7.1 背景

基本描述见表5-16。

表5-16 基本描述

简称	提出时间	主要领导	范围	等级	强制/自愿	频率
SDA	1995	加拿大审计署	24个联邦政府部门与机构	部门	强制	每三年

按照1995年《审计长法修正案》，环境与可持续发展专员是由加拿大审计总长（专员担任助理审计总长）任命，协助审计总长履行环境审计责任，检测、汇报在联邦政府部门在实施可持续发展战略上的进展，代表总审计长处理申请。

专员负责联邦政府的环境与可持续发展问题的管理绩效审计，代表审计总长向议会作报告。

加拿大环境与可持续发展专员代表审计总长向国会议员就联邦政府在环境保护与促进可持续发展方面所做的努力提出客观独立的分析与建议（加拿大审计署，2008）。

环境与可持续发展专员对部门可持续发展战略的质量以及战略中提出的计划是否实现进行了评估。这些结果以各种报告的形式呈递给加拿大审计署，包括专员提交给下议院的报告（加拿大审计署，2009）。

5.1.7.2 目标

《审计长法修正案》遵循大臣对议会负责的传统原则。部长负责政策选择。环境与可持续发展专员的职责是协助国会议员监督联邦政府在环境保护与促进可持续发展方面的工作。

更具体地说，专员的职责主要在4个方面（加拿大审计署，1997）：

- 监督可持续发展战略。24个联邦政府部门与机构需要准备可持续发展战略并于12月15日之前提交下议院。专员负责监督部门实施行动计划的进度，实现战略相关目标。

- 环境与可持续发展问题的审计和专项研究。审计总长在决定评审哪些方面问题并向下议院报告时会考虑到环境与可持续发展。

- 申请书。专员负责受理本是联邦政府部门和机构责任的环境方面的申请，跟进政府的反应。

- 作报告。专员每年向下议院报告关于这些以及其他认为需要引起议会重视的有关环境与可持续发展事宜。

5.1.7.3　过程、内容与方法

审计过程包含4个阶段：①第一阶段：规划阶段，包括了解审计部门、设定范围与目标，寻找审计标准来源，概述审计部门，然后实施初步调查。在审核了范围与目标、审计方法、询问原则和重大潜在问题后得到初步调查报告。在此阶段，审计员负责判断可审计性（是否有足够的适当依据来审计这一区域?）和审计价值（有没有一些对国会及加拿大公民意义重大的潜在事项?）。初步调查的最后结果是给出实际审计计划。②第二阶段：现场调查，包括制定详细的审计程序，访谈、察看场址，细阅文档资料，建立一个有说服力的案例。③第三阶段：报告阶段，需要编写将要呈给下议院的章节。在这一章，审计组描述了审计范围、目标和结果，并就目标是否达成得出结论，提出改进建议。④第四阶段：后续工作，包括两年后给审计部门的反馈，决定政府部门或机构采取什么行动来解决原始审计的观察发现的不足。加拿大SAI向下议院报告这项后续工作结果。

环境与可持续发展审计的方式有10个特点（加拿大审计署和环境与可持续发展专员，1999）。包括：

- 对咨询委员会有很大的依赖性。咨询委员会在审计中的作用是向审计组就有关范围和潜在的重点领域提出建议。咨询委员会成员可以为特定审计提供专业学科知识。

- 严重依赖与外部利益相关者的外部磋商。有时，审计署会组织研讨会，作为审计规划的一部分。

- 广泛使用专家和多学科审计研究团队。

- 使用基准测试。以基准为目标，把其他辖区的新兴实践当做审计标准的一个来源。

- 实施能力建设方案。

- 在部门和政府范围内实施环境审计。部门审计指的是着眼于两三个部门项目的审计。有时会着重关注整个政府的水平问题（如对许多部门实施的收缩进行审计），被称为政府审计。

- 侧重基本的管理问题，而不是那些只有专家关心的“没有输赢的”技术问题。
- 以“实事求是”的写作风格描述发现的结果。
- 努力宣传成果。
- 开展研究。

5.1.7.4　质量控制

在审计规划阶段，我们会经常采访工业、高校一类的非政府组织、环保团体和其他司法部门的很多“专家”，了解他们对受核查问题的观点甚至进行提问。然后我们分析外部利益相关者的投入，挑选反复出现的主题。这些因素涉及我们审计范围的确定。有时候，当谈及环境补贴时，我们会召开研讨会，例如，关于气候变化和“平原地域”的优势等。有时，我们会与专家合约撰文、演示并讨论一些棘手的问题。这增加了我们审计的可信度和宽广性。

5.1.7.5　后续工作

根据上面所述第四阶段，通常后续工作包括两年后回归审计部门，决定政府部门或机构采取什么行动来解决原始审计的观察发现的不足。加拿大 SAI 向下议院报告后续工作结果。

5.2　中国案例

5.2.1　中科院中国可持续发展能力评估

5.2.1.1　背景

基本描述见表 5-17。

表 5-17　基本描述

简称	提出时间	主要领导	范围	等级	强制/自愿	频率
ACSD	1998	中国科学院（CAS）	全国和 31 个省	国家和省级	—	不定

自 1999 年以来，中国科学院连续发布中国可持续发展能力评估结果，并于每年年初出版年度中国可持续发展战略报告。

5.2.1.2 目标

监测和测量中国可持续发展状况。

5.2.1.3 内容

该评估开发了一套综合评估中国可持续发展能力的方法体系。指标体系包括 5 个层次：总体层、系统层、状态层、变量层和要素层（表 5-18）。

表 5-18 2015 年中国可持续发展能力评估指标框架

<table>
<tr><th>总体层</th><th>系统层</th><th>状态层</th><th>变量层</th><th>要素层</th></tr>
<tr><td rowspan="11">中国的可持续性</td><td rowspan="4">生存支持系统</td><td>生存资源禀赋</td><td>耕地资源指数、水资源指数、气候资源指数、生物资源指数</td><td rowspan="11">要素群</td></tr>
<tr><td>农业投入水平</td><td>物能投入指数、资金投入指数</td></tr>
<tr><td>资源转换效率</td><td>生物转化效率指数、经济转化效率指数</td></tr>
<tr><td>生存持续能力</td><td>生存稳定指数、生存潜力指数、生存持续指数</td></tr>
<tr><td rowspan="4">发展支持系统</td><td>基础设施水平</td><td>交通基础设施指数、信息基础设施指数</td></tr>
<tr><td>经济发展水平</td><td>经济规模指数、经济市场化指数、经济国际化指数、经济要素投入指数</td></tr>
<tr><td>经济效益水平</td><td>工业经济效益指数、工业企业运营效率指数、工业产品质量指数</td></tr>
<tr><td>资源环境绩效</td><td>工业资源环境绩效指数、区域资源环境绩效指数</td></tr>
<tr><td rowspan="3">环境支持系统</td><td>环境质量</td><td>空气污染指数、水污染指数、固体废物污染指数</td></tr>
<tr><td>生态水平</td><td>生态脆弱性指数、生态质量指数</td></tr>
<tr><td>环境保护力度</td><td>环境污染治理指数、资源节约与循环利用指数、能源结构调整指数、生态保护建设指数</td></tr>
</table>

总体层	系统层	状态层	变量层	要素层
中国的可持续性	社会支持系统	人口发展水平	人口增长指数、人口素质指数、人口结构指数	要素群
		居民生活质量	富裕度指数、消费水平指数、居住条件指数、出行便利度指数、配套设施水平指数	
		公共卫生服务	公共卫生投入指数、公共卫生设施指数、公共卫生服务能力指数	
		社会安全水平	社会公平指数、社会安全指数、社会保障指数	
		文化发展水平	文化事业投入指数、文化设施服务水平指数	
	智力支持系统	区域教育水平	教育投入指数、教育规模指数、教育成就指数	
		区域创新能力	创新资源指数、创新效率指数、创新效益指数	
		区域管理能力	政府工作绩效指数、经济调控绩效指数、社会管理绩效指数、资源环境管理绩效指数	

（1）总体层：总体层概括描述一个国家或地区的可持续发展能力。这一级别代表一个国家或地区整体运行状态、可持续发展的演变轨迹及其实施效应。

（2）系统层：系统层分为生存支持系统、发展支持系统、环境支持系统、社会支持系统和智力支持五个子系统。

（3）状态层：状态层反映主要部分和决定各子系统行为的关键部分的状况，包括某个时段的状况和随时间序列的变化。

（4）变量层：变量层反映行为、关系及变化的原因与动机。2015 年指标框架选择了 58 个指数进行表征。

（5）元素层：元素层采用适度可比的可用指标和指标集，直接测量变量的量化、强度和速度绩效。2015 年的报告根据数据可用性选择了 430 个指标来描述上一级的 58 个指标，形成了框架的基线标准。

在 2015 年中国可持续发展战略报告中，基于上面列出的指标框架评估了全国和 31 个省、直辖市、自治区从 1995 年到 2013 年的可持续发展能力。由于数据不足和统计定义不同，评估不包括台湾地区、香港和澳门特别行政区（中国科学院，2009）。

除了省级评估外，为了反映我国重点区域板块、经济带、经济区等区域的可持续发展能力，评估还对一些主要宏观区域也实施了评估，例如，四大区域板块（东部地区、中部地区、西部地区、东北地区）、北部沿海地区、东部沿海地区、长江经济带、京津冀、泛珠三角地区、“一带一路”区域等。

5.2.1.4 方法

评估把可持续发展能力看作包括五个互相关联子系统的复杂巨系统的演变过程。基于该理论，制定出“五级叠加、逐级收敛、规范权重、统一编号”的指标体系。

根据年度中国可持续发展报告，开发人员整合了统计指数法和线性加权综合指标评价法。基于“权重相同和逐级收敛”的原则，为各个省份和地区制定了每年的可持续发展指标，这么做，可以统一横向和纵向比较：横向比较能反映省级和地区可持续发展时间序列上的演变轨迹和速度；纵向比较能够反映不同省份和地区在可持续性上的差异以及在国家排名中的位置与变动。

5.2.1.5 质量控制

评估采用的数据大多是官方公布，如《中国统计年鉴》《中国环境年鉴》和《中国土地和资源统计年鉴》等。除了来自国家统计局的数据，还有科学技术部和国土资源部等提供的数据。

5.2.1.6 后续工作

自1999年以来，该指标框架总体保持稳定，但随着数据的扩充和指标表达的优化，变量层和要素层发生了变化，指标数量逐年增多。

作为中国科学院发布的“三巨头”报告（科学发展报告、高技术发展报告和中国可持续发展战略报告）之一，中国可持续发展战略报告每年都会分发给全国“两会”代表。它已经受到了国内媒体和公众的广泛关注。

另外，中国可持续发展战略研究组在2006年提出了资源环境综合绩效指数，并公布在每年的中国可持续发展战略报告中。2015年的资源环境综合绩效指数对2000—2013年的中国各省、直辖市、自治区资源环境综合绩效及其变化趋势进行了评估。

5.2.2　城市环境综合整治定量考核

5.2.2.1　背景

基本描述见表 5-19，内容参见 3.2。

表 5-19　基本描述

简称	提出时间	主要领导	范围	等级	强制/自愿	频率
QE	1989	国家环保局（现环境保护部）和省环境保护局	地县级城市（2007 年有 617 个城市）	市级	强制	一年一次

5.2.2.2　目标

实行考核的目的是加强市级环境保护，加快环境基础设施建设并改善环境状况，加强城市发展决策过程中的环境保护工作。自 1989 年以来，考核作为中国市级环境管理的主要途径和重要系统，让市级环境管理实现了两个转变：从采用定性方法到应用定量方法和从根据经验到依据科学。

5.2.2.3　内容

2005 年，国家环保总局发布了《全国城市环境综合整治定量考核指标填报审核操作规范》。2006 年，同时发布了《"十一五"城市环境综合整治定量考核指标实施细则》和《全国城市环境综合整治定量考核管理工作规定》，以及其他考核细则，共同形成了城市环境综合整治定量考核数据采集标准与指导方针（表 5-20）。2011 年，环境保护部发布了《"十二五"城市环境综合整治定量考核指标及其实施细则（征求意见稿）》。

表 5-20　"十一五"期间考核指标

类别	编号	指标名称	单位	限值		权重	计算公式
				上限	下限		
环境质量	1	API 指数≤100 的天数占全年天数比例	%	85	30	20	$20\times(X-30)/55$
	2	集中式饮用水水源水质达标率	%	100	80	8	$8\times(X-80)/20$

类别	编号	指标名称	单位	限值 上限	限值 下限	权重	计算公式
环境质量	3	城市水环境功能区水质达标率	%	100	60	8	$8\times(X-60)/40$ $6\times(X-60)/40+Z$ $5\times(X-60)/40+3\times(Y-60)/40$ $3\times(X-60)/40+3\times(Y-60)/40+Z$
环境质量	4	区域环境噪声平均值	dB(A)	62	56	4	$4\times(62-X)/6$
环境质量	5	交通干线噪声平均值	dB(A)	74	68	4	$4\times(72-Y)/4$
污染控制	6	清洁能源使用率	%	70	20	3	$3\times(X-20)/50$
污染控制	7	机动车环保定期检测率	%	80	40	2	$2\times(X-40)/40$
污染控制	8	工业固体废物处置利用率	%	90	50	5	$5\times(X-50)/40$
污染控制	9	危险废弃物处置率	%	100	40	5	$3\times(X-40)/60+2\times(Y-40)/60$
污染控制	10	重点工业企业废水排放稳定达标率	%	100	60	3	$3\times(X-60)/40$
污染控制	10	重点工业企业烟尘排放稳定达标率	%	100	60	1	$(X-60)/40$
污染控制	10	重点工业企业粉尘排放稳定达标率	%	100	60	2	$(Y-60)/40$
污染控制	10	重点工业企业二氧化硫排放稳定达标率	%	100	60	2	$2\times(Z-60)/40$
污染控制	11	万元 GDP 主要工业污染物排放强度	t/万元			8	$2\times(50-W)/40+2\times(0.01-C)/0.009+2\times(0.02-P)/0.018+2\times(0.04-S)/0.032$
环境建设	12	城市污水集中处理率	%	80	30	8	$8\times(X-30)/50$
环境建设	13	生活垃圾无害化处理率	%	85	30	8	$8\times(X-30)/55$
环境建设	14	建成区绿化覆盖率	%	35	20	4	$4\times(X-20)/15$
环境管理	15	环境保护机构建设				3	
环境管理	16	公众对城市环境保护满意度	%	85	30	3	$3\times(X-30)/55$

资料来源：《“十一五”城市环境综合整治定量考核指标实施细则》。

“十二五”期间，考核指标做了调整。根据《“十二五”城市环境综合整治定量考核指标及其实施细则（征求意见稿）》，“十二五”期间“城考”指标包括环境空气质量、集中式饮用水水源地水质达标率、城市水环境功能区水质达标率、区域环境噪声平均值、交通干线噪声平均值、清洁能源使用率、机动车环保定期检验率、工业固体废弃物处置利用率、危险废弃物处置率、工业企业排放稳定达标率、万元 GDP 主要工业污染物排放强度、城市生活污水集中处理率、生活垃圾无害化处理率、城市绿化覆盖率、环境保护机构和能力建设、公众对城市环境保护满意率 16 项。每项指标均包括两部分内容：指标定量考核内容和工作定性考核内容。

5.2.2.4　方法

QE 计划主要过程包括自我评估、初步考核、联合检测、抽检、环境保护部会议上的审查以及公告。

一个城市提交申请以后，省级环保部门会进行初步考核，再以此为依据组织相关专家来实行联合检测和现场抽检，最后向环境保护部报告最终结果与意见。根据省级部门提交的报告，环境保护部自身也会实行考核和选择性抽检。环境保护部将根据这两种结果确定最终结果。

环境保护部在内部会议后将通知省级政府和媒体最终结果。

联合检测是基于两个基本规则，即《“十一五”城市环境综合整治定量考核指标实施细则》和《全国城市环境综合整治定量考核管理规定》。联合检测遵循“三结合”原则：自我评估与省政府考核结果相结合、自我评估与国家考核结果相结合，以及自我评估与抽检结果相结合。

统一使用主要来自各个城市的监测中心、城市统计部门、经济管理部门、建筑部门、卫生部门、能源部门、调研机构等的官方数据。结果分别在市级、省级、全国媒体上发布，环境保护部每年在“环境日”前后发表《全国城市环境综合整治与年度管理报告》。

5.2.2.5　质量控制

在整个考核过程中，自我检查，联合检测和选择性抽检这些必要的重要手段能够保证“城考”质量。

国家环保总局（现升级为环境保护部）也意识到了公众参与考核的重要性。

自2007年以来，指标“公众对城市环境保护满意度”已列入考核框架，并委托国家统计局的调查小组进行调查并统计数据。

5.2.2.6 后续工作

随着中国的经济与社会的发展，“城考”指标和过程不断调整，公告方法也做了调整以满足环境保护新形势下的新要求。自1989年以来，该指标框架已经调整过4次。

考核过后有奖惩措施以确保“城考”质量，一般有正面宣传和下发批评通知这两种方式。

5.2.3 污染源监管信息公开指数

5.2.3.1 背景

基本描述见表5-21。

表5-21 基本描述

简称	提出时间	主要领导	范围	等级	强制/自愿	频率
PITI	2009	IPE和NRDC	中国113个重点城市	市级	—	一年一次

《环境信息公开办法（试行）》于2008年5月1日生效。2009年，公众与环境研究中心（IPE）和自然资源保护协会（NRDC）共同开发了污染源监管信息公开指数（PITI），随后每年对全国113个城市（2013年增至120个城市）的污染源监管信息公开状况进行评价。通过分析8项具体指标，对各个城市的污染信息公开水平进行了评估，并给出评分排名（IPE和NRDC，2009）。

5.2.3.2 目标

根据《环境信息公开办法（试行）》，评价我国重点城市污染信息公开状况，跟踪《环境信息公开办法（试行）》实施情况。

5.2.3.3 内容

按照《污染源监管信息公开指数评价标准（地级市）（2014修订版）》，评价内容主要包括以下4个方面：

（1）日常监管，包含违规超标记录、企业环境行为评级、排污费公示和国家重点监控企业污染源自行监测。

（2）互动回应，包含信访投诉和依申请公开。

（3）排放数据，包含企业排放数据自行监测年度报告和强制性清洁生产审核污染物排放情况。

（4）环境影响评价。

每个项目要进行 4 个方面的评估：系统性、及时性、完整性和用户友好性。

5.2.3.4 方法

评价流程分为确定原始得分、定档、提/退档以及确定最终得分四步。首先根据评分细则对每个评估指标确定“原始得分”，然后根据原始得分确定“优秀、好、中、一般、差、极差”中的一个档位，进而确定档位分值，同时，还可以根据规则对指标进行提档或退档。最终得分采用百分制。

系统性控制得分规则适用于八大类别四个方面所有的评分过程，这意味着系统性得分会限制其他 3 个方面的最终得分（及时性、完整性和友好性），即每个类别的其他 3 个方面（及时性、完整性和友好性）得分不会高于系统性（表 5-22）。

表 5-22 系统性得分控制规则的操作标准

及时性、完整性和友好性 \ 系统性	优	好	中	一般	差
优	优秀	良好	中等	一般	差
好	良好	良好	中等	一般	差
中	中等	一般	一般	一般	差
一般	一般	差	差	差	差
差	差	差	差	差	差

资料来源：IPE 和 NRDC，2014。

5.2.3.5 质量控制

根据 2008 年发布的《环境信息公开办法（试行）》，PITI 类别选择和信息获取发现了其监管基础。PITI 所用信息主要来自地方环保局或其他政府部门的媒体报道和官方网站，这是环境信息公开的两种主要方法（IPE 和 NRDC，2009）。

5.2.4 中国省级环境竞争力发展指数

5.2.4.1 背景

基本描述见表5-23。

表5-23 基本描述

简称	提出时间	主要领导	范围	等级	强制/自愿	频率
CPECD	2010	全国经济综合竞争力研究中心	31个省、直辖市、自治区	省级	—	一年一次

2011年2月28日，全国经济综合竞争力研究中心在北京发布了环境竞争力绿皮书：《中国省域环境竞争力发展报告（2005—2009）》。该报告共分为三大部分，第一部分为总报告，旨在总体上评价分析中国环境竞争力的发展状况，揭示各区域环境竞争力的优劣势和变化特征，提出了增强环境竞争力的基本路径、方法和对策。第二部分为分报告，通过对中国31个省级区域的环境竞争力进行比较分析和评价，揭示不同类型和发展水平的各省域环境竞争力的特点及其相对差异，为各省提升环境竞争力提供可靠依据。第三部分为理论与方法，阐述了环境竞争力研究的理论来源、主要内容，并根据环境竞争力的特点构建了环境竞争力指标评价体系和数学模型，形成了环境竞争力分析框架。并以附录的形式给出了2005—2008年全国31个省、市、区环境竞争力评分值及得分变化表（李建平，李闽榕，王金南等，2011）。

全国经济综合竞争力研究中心成立于2006年，由国务院发展研究中心《管理世界》杂志社、福建师范大学、福建行政学院联合成立，国务院发展研究中心《管理世界》杂志社下设竞争力部，福建师范大学和福建行政学院各设立分中心。绿皮书《中国省域环境竞争力发展报告（2005—2009）》由全国经济综合竞争力研究中心福建师范大学分中心具体负责编撰工作。

5.2.4.2 目标

通过对我国31个省、市、区环境竞争力的评价分析，深刻揭示不同类型和发展水平的省域环境竞争力的特点及差异，研究追踪各省、市、区环境竞争力的演化轨迹，并对各省区域提升环境竞争力提出相应的对策建议，为促进我国各区域经济与环境协调发展，提升环境竞争力提供有益的分析思路和方法，同时，也为解决我国未来发展中的经济环境协调问题提供理论和方法指导。

5.2.4.3　内容

评价模型主要包括要素模型和指标体系两部分，要素模型基于环境竞争力的内涵和特点，采用数量分析方法对影响环境竞争力的构成要素进行实证检验，为分析环境竞争力的内在动力提供依据，这是构建环境竞争力评价指标体系的基础。指标体系是竞争力评价的基础，该评价体系中将指标体系分为系统层、模块层、要素层和基础层四个层次，分别包含一级指标 1 个、二级指标 5 个、三级指标 14 个、四级指标 135 个，其中一级、二级、三级指标属于合成性的间接指标，四级指标属于客观性的直接可测量的指标，在指标体系中居于基础性地位，在评价过程中尽可能采用国家现行统计体系中公开发布的指标数据（图 5-1）。

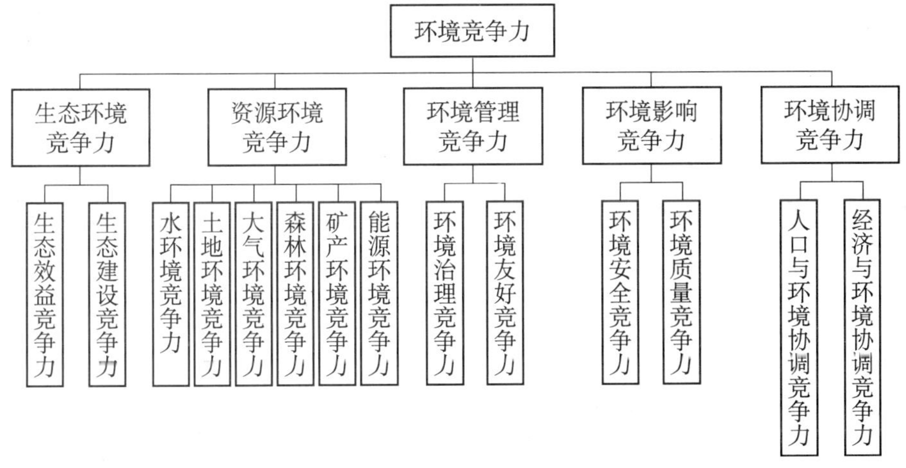

图 5-1　环境竞争力评价指标体系

资料来源：《中国省域环境竞争力发展报告（2005—2009）》。

5.2.4.4　方法

在构建了环境竞争力评价指标体系之后，通过三个步骤构建了环境竞争力模型：对评价指标进行无量纲化处理；确定评价指标体系的权重；建立数学模型。

（1）指标的无量纲化处理。采用极大值标准化方法对指标进行无量纲化处理：

当指标为正向指标（越大越好的指标）时，第 i 个指标的无量纲化值 X_i 为

$$X_i = \frac{x_i - x_{\min}}{x_{\max} - x_{\min}} \times 100$$

当指标为负向指标（越小越好的指标）时，第 i 个指标的无量纲化值 X_i 为

$$X_i = \frac{x_{\max} - x_i}{x_{\max} - x_{\min}} \times 100$$

式中，X_i 为第 i 个指标无量纲化后所得到，简称第 i 个指标的无量纲化值；x_i 为该指标的原始值，$x_{\max}$ 和 $x_{\min}$ 分别代表参加比较的同类指标中的最大原始值和最小原始值。无量纲化后，每个指标的数值都在 0～100，并且极性一致。

（2）指标权重的确定。主要采用德尔菲-改进层次分析法来确定权重。即传统的层次分析中的 1～9 标度法改为 0～2 标度法，先构造一个比较矩阵 $\boldsymbol{B} = (b_{ij})_{n\times n}$，其中 b_{ij} 定义为

$$b_{ij} = \begin{cases} 2 & \text{当元素 } i \text{ 比 } j \text{ 重要时} \\ 1 & \text{当元素 } i \text{ 与 } j \text{ 一样重要时} \\ 0 & \text{当元素 } j \text{ 比 } i \text{ 重要时} \end{cases}$$

然后计算 $r_i = \sum b_{ij}\ (i=1,\ 2,\ \cdots,\ n)$，即按行求和，再利用下面的公式求出判断矩阵 $C = (c_{ij})_{n\times n}$。其中，$r_{\max} = \{r_i\}_{\max}$，$r_{\min} = \{r_i\}_{\min}$，$b_m = r_{\max}/r_{\min}$。

$$c_{ij} = \begin{cases} [(r_i - r_j)/(r_{\max} - r_{\min})] \times (b_m - 1) + 1 & r_i \geq r_j \\ \{[(r_j - r_i)/(r_{\max} - r_{\min})] \times (b_m - 1) + 1\}^{-1} & r_i < r_j \end{cases}$$

建立判断矩阵后，按照传统的层次分析法的步骤，最终得到各指标的权重。研究组按照指标权重确定的方法，向学术界从事相关研究工作的学者和教授以及政府相关部门从事实践工作的领导和专家共 50 多位发出了“中国环境竞争力指标体系权重的专家调查表”，回收率为 100%。通过汇总整理环境竞争力指标体系权重的专家调查表，扣除专家打分结果的最高权数和最低权数，取余下个专家赋权的平均数，得到各指标的权重，并进行检验，检验通过后，最终形成环境竞争力指标权重体系（李建平，李闽榕，王金南等，2011）。

5.2.4.5　质量控制

（1）指标体系构建：采用频度统计法、专家德尔菲法优化评价指标体系，

邀请环保部门、中国社科院、国务院发展研究中心、高校等环境领域的 50 多位专家学者组成工作专家组，采用专家会议和德尔菲法对评价指标体系进行反复讨论、增删和改进，并确定各层次评价指标的权重调查表。

（2）指标权重的确定：采用改进德尔菲-改进层次分析法确定各指标的权重，根据评价指标的特点，放弃了传统的层次分析法当中 1～9 标度法，采用 0～2 标度法。

（3）数据的来源：计算所采用的数据全部来源于国家现行统计体系公开发表的数据，主要来自历年《中国统计年鉴》《中国环境统计年鉴》《中国国土资源统计年鉴》《中国人口和就业统计年鉴》，对于一些指标在某些年份缺失的数据，主要通过多方查找和比较验证的方法予以解决。

（4）数据极值分析：对于指标统计数据中出现的“噪音”数据（极大值或极小值），主要根据数据分布的离散状况进行判别，如果指标的某个样本超过离均值 3 标准差的范围，认定为该指标数据为极值，须采用复核、修正等方法使其回归到合理的范围之内。

（5）指标体系相关性分析：采用皮尔逊公式，计算各级指标的相关系数，并进行显著性检验，结果显示除了四级指标原始数据存在一定的相关性外，三级指标和二级指标之间的相关性都不高，对综合得分的影响较小。

评估结果的评估：采用变异系数（δ）测算竞争力评价结果的稳定性，计算公式如下：

$$\delta = \sigma \sqrt{x}$$

式中，σ 和 $\bar{x}$ 分别是竞争力得分或者排名位置变量的标准差和均值。

5.2.4.6　后续工作

《中国省域环境竞争力发展报告（2005—2009）》发布以后，人民网、新浪网、中国网、腾讯网、网易、《中国环境报》等网站和媒体对评估报告，特别是评估结果进行了广泛的报道。

为了进一步加快中国省域环境竞争力研究的数字化和网络化建设步伐，研究者将于 2011 年上半年发布《中国省域环境竞争力数据库》，便于广大读者能够全面查询本研究中各级指标的数据和评价得分情况。通过网络查询系统，可以查询到2005—2009年155个指标得分和排名构成，包括1个一级指标、5个二级指标、14个三级指标和135个四级指标，范围涉及全国指标和31个省、市（区）指标，指标数据量达5万多个。

5.2.5 其他

与环境绩效相关的评估体系还包括中国绿色发展指数、国家环境保护模范城市等。

中国绿色发展指数由北京师范大学、西南财经大学、国家统计局等机构联合研究开发，从2010年开始，已连续五年发布《中国绿色发展指数报告》。报告在研究和总结国内外低碳发展、绿色发展和可持续发展等相关理论和实践成果的基础上，结合我国实际情况，构建反映绿色发展状况的指标体系和相应的指数测算方法，并据此采用公开披露的数据，对中国各省（直辖市、自治区）的绿色发展水平进行测算。

国家环境保护模范城市是国家环保局于1997年发起的另一项自愿性评估创建活动。旨在实现《国家环境保护“九五”计划和2010年远景目标》提出的经济快速发展、环境质量良好、生态良性循环的城市建设目标，探索可持续发展方法，提高城市环境管理水平。与“城考”相比要求更为严格。根据最新的指标框架，共有26个指标，包括四大类别：经济社会、环境质量、环境建设、环境管理。其中6个指标是与环境治理相关的环境管理方面的指标。

第6章

黄石市污染减排绩效评估

6.1 黄石市“十一五”污染减排绩效评估

根据环境保护部污染减排绩效评估体系指标设置的总体情况，结合黄石市实际，在尽量保持原有指标的基础上，将其中部分指标进行修改，建立了能够准确反映黄石市“十一五”污染减排工作及成绩的指标体系。

6.1.1 “十一五”年度污染减排绩效指标体系计算结果

根据国家污染减排绩效评估体系指标计算方法，结合黄石市环境统计“十一五”主要污染物总量减排规划、日常监测报告等相关资料，计算出黄石市“十一五”期间各年度的污染减排绩效指数（EPPI），计算结果见表6-1、图6-1，指标体系见表6-2～表6-7。

表6-1　黄石市“十一五”期间各指标EPPI计算结果

一级指标	二级指标	三级指标	类别	权重	2006年	2007年	2008年	2009年	2010年
水污染物减排绩效指数（50）	环境压力指数（16.7）	废水排放量	工业	2.8	2.30	2.53	2.79	2.33	2.62
			生活	2.8	2.71	2.69	2.80	2.78	2.75
		化学需氧量排放量	工业	2.8	2.25	2.58	2.78	2.80	2.31
			生活	2.8	2.39	2.37	2.36	2.43	2.80
		氨氮排放量	工业	2.8	2.37	1.19	1.29	2.79	2.43
			生活	2.8	2.04	2.02	2.12	2.55	2.80

<table>
<tr><th>一级指标</th><th>二级指标</th><th>三级指标</th><th>类别</th><th>权重</th><th>2006 年</th><th>2007 年</th><th>2008 年</th><th>2009 年</th><th>2010 年</th></tr>
<tr><td rowspan="12">水污染物减排绩效指数（50）</td><td rowspan="4">环境质量指数（16.7）</td><td>国控断面水质达标率</td><td>—</td><td>4.2</td><td>4.2</td><td>4.2</td><td>4.2</td><td>4.2</td><td>4.2</td></tr>
<tr><td>地表（湖库）水Ⅲ类及以上水质比例</td><td>—</td><td>4.2</td><td>0.92</td><td>0.92</td><td>0.92</td><td>0.92</td><td>0.92</td></tr>
<tr><td>地下水水质达标率</td><td>—</td><td>4.2</td><td>4.2</td><td>4.2</td><td>4.13</td><td>4.01</td><td>3.98</td></tr>
<tr><td>集中式饮用水水源水质达标率</td><td>—</td><td>4.2</td><td>4.2</td><td>4.2</td><td>4.2</td><td>4.2</td><td>4.2</td></tr>
<tr><td rowspan="8">环境治理指数（16.7）</td><td>本年竣工项目新增废水设计处理能力</td><td>—</td><td>2.1</td><td>0.11</td><td>0.13</td><td>0.21</td><td>0.11</td><td>0.24</td></tr>
<tr><td rowspan="2">废水处理率</td><td>工业</td><td>2.1</td><td>1.75</td><td>1.78</td><td>1.83</td><td>1.73</td><td>1.77</td></tr>
<tr><td>生活</td><td>2.1</td><td>0.71</td><td>0.69</td><td>0.703</td><td>0.80</td><td>1.09</td></tr>
<tr><td rowspan="2">COD 去除率</td><td>工业</td><td>2.1</td><td>1.76</td><td>1.69</td><td>1.88</td><td>1.88</td><td>1.92</td></tr>
<tr><td>生活</td><td>2.1</td><td>0.096</td><td>0.167</td><td>0.089</td><td>0.35</td><td>0.63</td></tr>
<tr><td rowspan="2">氨氮去除率</td><td>工业</td><td>2.1</td><td>0.28</td><td>0.31</td><td>0.79</td><td>1.30</td><td>1.27</td></tr>
<tr><td>生活</td><td>2.1</td><td>0.007</td><td>0.016</td><td>0.022</td><td>0.38</td><td>0.55</td></tr>
<tr><td>水环境治理投资额</td><td>—</td><td>2.1</td><td>0.54</td><td>0.89</td><td>1.01</td><td>1.33</td><td>1.83</td></tr>
<tr><td rowspan="7">大气污染物减排绩效指数（50）</td><td rowspan="3">环境压力指数（16.7）</td><td rowspan="2">SO_2 排放量</td><td>工业</td><td>8.35</td><td>6.07</td><td>6.62</td><td>6.86</td><td>7.44</td><td>8.35</td></tr>
<tr><td>生活</td><td>8.35</td><td>7.47</td><td>7.47</td><td>7.42</td><td>8.51</td><td>9.60</td></tr>
<tr><td>$PM_{10}/PM_{2.5}$</td><td>—</td><td>4.2</td><td>1.71</td><td>1.80</td><td>1.86</td><td>2.06</td><td>2.36</td></tr>
<tr><td rowspan="4">环境质量指数（16.7）</td><td>年平均质量浓度</td><td></td><td></td><td></td><td></td><td></td><td></td><td></td></tr>
<tr><td>SO_2 年平均质量浓度</td><td>—</td><td>4.2</td><td>0.68</td><td>0.72</td><td>0.74</td><td>0.82</td><td>0.94</td></tr>
<tr><td>NO_2 年平均质量浓度</td><td>—</td><td>4.2</td><td>4.2</td><td>4.2</td><td>4.2</td><td>4.2</td><td>4.2</td></tr>
<tr><td>空气达到二级以上天数的比例</td><td>—</td><td>4.2</td><td>3.05</td><td>3.49</td><td>3.49</td><td>3.66</td><td>3.68</td></tr>
</table>

一级指标	二级指标	三级指标	类别	权重	2006 年	2007 年	2008 年	2009 年	2010 年
大气污染物减排绩效指数(50)	环境治理指数(16.7)	本年竣工项目新增废气设计处理能力	—	4.2	0.93	1.04	1.91	1.4	4.19
		SO_2 去除率	工业	4.2	3.37	3.47	3.51	3.56	3.62
			生活	4.2	1.69	1.77	1.87	1.7	2.01
		大气环境治理投资额	—	4.2	1.41	1.78	2.8	2.91	4.2

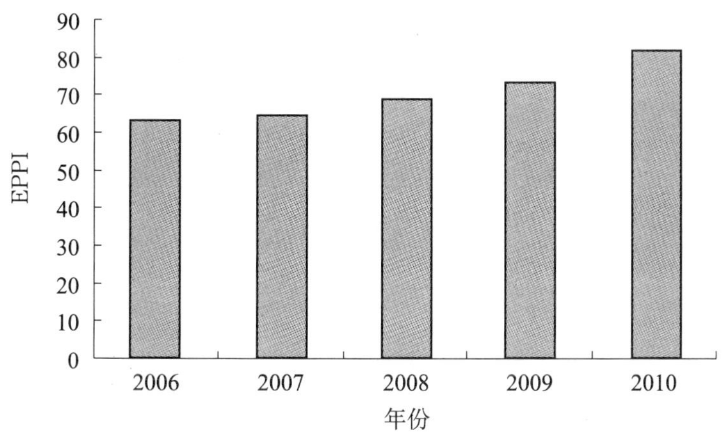

图 6-1　黄石市“十一五”污染减排绩效指数变化情况

由各年度绩效指数的最终计算结果可知，黄石市“十一五”期间污染减排绩效指数呈逐年上升趋势，从 2006 年的 63.37 上升至 2010 年末的 81.72，可以看出黄石市“十一五”期间污染减排取得了显著的成绩。由表 6-1 可以看出“十一五”期间污染减排绩效指数较高主要是由于废水排放量、化学需氧量排放量、氨氮排放量、二氧化硫排放量、地下水水质达标率、集中式饮用水水源水质达标率、国控断面水质达标率、空气质量达到二级以上天数比例以及二氧化氮年均浓度 9 个指标拉高了减排绩效的综合指数。主要污染物排放量指标地下水、集中式饮用水、国控断面水质达标率三个指标值都为或者较接近 100%，而二氧化氮年均浓度较小符合国家一级标准，这些指标现状值距离考核目标值接近，得分较高，相应的 PI 值也较大。废水处理率、化学需氧量去除率、氨氮去除率、地表水Ⅲ类及以上水质比例及二氧化硫年均浓度指标距离考核目标值差距较大，所得绩效分值低，是未来减排工作应关注的重点领域。

表 6-2　黄石市“十一五”污染减排绩效评估指标体系（2006 年）

综合指标	具体指标	单位*	权重	指标值	目标值	PI 值	EPPI
环境压力指标	黄石市工业废水中化学需氧量排放量	t	0.045	7 901.945	6 361.35	0.805	0.036 6
	黄石市工业废水中氨氮排放量	t	0.045	396.24	336.99	1	0.045
	黄石市工业废气中二氧化硫排放量	t	0.045	102 426.2	74 479.42	0.727	0.032
	黄石市城镇生活污染物排放中化学需氧量排放量	t	0.045	26 322.15	22 450.03	0.853	0.038
	黄石市城镇生活污染物排放中氨氮排放量	t	0.045	3 207.34	2 338.81	0.729	0.033
	黄石市城镇生活污染物排放中二氧化硫排放量	t	0.045	6 000	4 668	0.778	0.035
环境质量指标	黄石市 PM_{10} 年平均质量浓度	mg/m^3	0.045	0.123	0.04	0.325	0.015
	黄石市二氧化硫年平均质量浓度	mg/m^3	0.045	0.038	0.02	0.526	0.024
	黄石市二氧化氮年平均质量浓度	mg/m^3	0.045	0.03	0.04	1	0.045
	黄石市空气达到二级以上天数的比例	%	0.045	72.60	100	0.726	0.033
	黄石市省控断面达标率	%	0.045	21.5	100	0.215	0.009 7
	黄石市国控断面达标率	%	0.045	100	100	1	0.045
	黄石市集中式饮用水水源水质达标率	%	0.045	100	100	1	0.045
	黄石市黄标车报废数目	辆	0.045	653	1 022	0.639	0.029

综合指标	具体指标	单位*	权重	指标值	目标值	PI 值	EPPI
环境响应指标	环保投资占 GDP 比例	%	0.045	0.8	1.5	0.533	0.024
	黄石市工业废水处理量	t/d	0.045	44 163.02	40 000	1	0.045
	黄石市工业废水治理设施数	套	0.045	234	199	1	0.045
	黄石市工业废气治理设施处理能力	万 m^3/h	0.045	2 683.177	1 683.177	1	0.045
	黄石市工业废气治理设施数	套	0.045	523	523	1	0.045
	黄石市工业废水中化学需氧量去除率	%	0.045	83.9	100	0.839	0.038
	黄石市工业废水中氨氮去除率	%	0.045	13.45	100	0.134 5	0.006
	黄石市工业废气中二氧化硫去除率	%	0.045	80.32	100	0.803 2	0.036

*：单位系指标值和目标值单位，下同。

表6-3　黄石市“十一五”污染减排绩效评估指标体系（2007年）

综合指标	具体指标	单位	权重	指标值	目标值	PI 值	EPPI
环境压力指标	黄石市工业废水中化学需氧量排放量	t	0.045	6 901.242	6 361.35	0.922	0.041
	黄石市工业废水中氨氮排放量	t	0.045	791.792 2	336.99	0.426	0.019
	黄石市工业废气中二氧化硫排放量	t	0.045	93 950.03	74 479.42	0.793	0.036
	黄石市城镇生活污染物排放中化学需氧量排放量	t	0.045	26 500.33	22 450.03	0.847	0.038
	黄石市城镇生活污染物排放中氨氮排放量	t	0.045	3 241.06	2 338.81	0.722	0.032
	黄石市城镇生活污染物排放中二氧化硫排放量	t	0.045	5 999	4 668	0.778	0.035

综合指标	具体指标	单位	权重	指标值	目标值	PI 值	EPPI
环境质量指标	黄石市 PM_{10} 年平均质量浓度	mg/m^3	0.045	0.117	0.04	0.342	0.015
	黄石市二氧化硫年平均质量浓度	mg/m^3	0.045	0.028	0.02	0.714	0.032
	黄石市二氧化氮年平均质量浓度	mg/m^3	0.045	0.021	0.04	1	0.045
	黄石市空气达到二级以上天数的比例	%	0.045	83.30	100	0.833	0.037
	黄石市省控断面达标率	%	0.045	21.5	100	0.215	0.009 7
	黄石市国控断面达标率	%	0.045	100	100	1	0.045
	黄石市集中式饮用水水源水质达标率	%	0.045	100	100	1	0.045
	黄石市黄标车报废数目	辆	0.045	650	1 022	0.636	0.029
环境响应指标	环保投资占 GDP 比例	%	0.045	1	1.5	0.667	0.03
	黄石市工业废水处理量	t/d	0.045	44 357.5	40 000	1	0.045
	黄石市工业废水治理设施数	套	0.045	222	199	1	0.045
	黄石市工业废气治理设施处理能力	万 m^3/h	0.045	2 905.398	1 683.177	1	0.045
	黄石市工业废气治理设施数	套	0.045	571	523	1	0.045
	黄石市工业废水中化学需氧量去除率	%	0.045	80.32	100	0.802 1	0.036
	黄石市工业废水中氨氮去除率	%	0.045	14.59	100	0.145 9	0.006 6
	黄石市工业废气中二氧化硫去除率	%	0.045	82.62	100	0.826 2	0.037

表 6-4　黄石市“十一五”污染减排绩效评估指标体系（2008 年）

综合指标	具体指标	单位	权重	指标值	目标值	PI 值	EPPI
环境压力指标	黄石市工业废水中化学需氧量排放量	t	0.045	6 406.174	6 361.35	0.993	0.045

综合指标	具体指标	单位	权重	指标值	目标值	PI 值	EPPI
环境压力指标	黄石市工业废气中氨氮排放量	t	0. 045	725. 8	336. 99	0. 464	0. 021
	黄石市工业废气中二氧化硫排放量	t	0. 045	90 608. 26	74 479. 42	0. 822	0. 037
	黄石市城镇生活污染物排放中化学需氧量排放量	t	0. 045	26 590. 13	22 450. 03	0. 844	0. 038
	黄石市城镇生活污染物排放中氨氮排放量	t	0. 045	3 083. 82	2 338. 82	0. 758	0. 034
	黄石市城镇生活污染物排放中二氧化硫排放量	t	0. 045	6 034	4 668	0. 772	0. 035
环境质量指标	黄石市 PM_{10} 年平均质量浓度	mg/m^3	0. 045	0. 113	0. 04	0. 354	0. 016
	黄石市二氧化硫年平均质量浓度	mg/m^3	0. 045	0. 036	0. 02	0. 556	0. 025
	黄石市二氧化氮年平均质量浓度	mg/m^3	0. 045	0. 027	0. 04	1	0. 045
	黄石市空气达到二级以上天数的比例	%	0. 045	83. 10	100	0. 831	0. 037
	黄石市省控断面达标率	%	0. 045	21. 5	100	0. 215	0. 009 7
	黄石市国控断面达标率	%	0. 045	100	100	1	0. 045
	黄石市集中式饮用水水源水质达标率	%	0. 045	100	100	1	0. 045
	黄石市黄标车报废数目	辆	0. 045	535	1 022	0. 523	0. 024
环境响应指标	环保投资占 GDP 比例	%	0. 045	1. 15	1. 5	0. 766	0. 034
	黄石市工业废水处理量	t/d	0. 045	49 886. 69	40 000	1	0. 045
	黄石市工业废水治理设施数	套	0. 045	199	199	1	0. 045
	黄石市工业废气治理设施处理能力	万 m^3/h	0. 045	3 315. 479	1 683. 177	1	0. 045
	黄石市工业废气治理设施数	套	0. 045	568	523	1	0. 045
	黄石市工业废水中化学需氧量去除率	%	0. 045	89. 44	100	0. 894 4	0. 040
	黄石市工业废水中氨氮去除率	%	0. 045	37. 67	100	0. 376 7	0. 017

综合指标	具体指标	单位	权重	指标值	目标值	PI 值	EPPI
环境响应指标	黄石市工业废气中二氧化硫去除率	%	0.045	83.56	100	0.835 6	0.038

表 6-5　黄石市“十一五”污染减排绩效评估指标体系（2009 年）

综合指标	具体指标	单位	权重	指标值	目标值	目标值标准化	EPPI
环境压力指标	黄石市工业废水中化学需氧量排放量	t	0.045	6 361.35	6361.35	1	0.045
	黄石市工业废水中氨氮排放量	t	0.045	336.99	336.99	1	0.045
	黄石市工业废气中二氧化硫排放量	t	0.045	83 602.73	74 479.42	0.891	0.040
	黄石市城镇生活污染物排放中化学需氧量排放量	t	0.045	25 835.78	22 450.03	0.869	0.039
	黄石市城镇生活污染物排放中氨氮排放量	t	0.045	2 564.2	2 338.81	0.919	0.041
	黄石市城镇生活污染物排放中二氧化硫排放量	t	0.045	5 268	4 668	0.886	0.039
环境质量指标	黄石市 PM_{10} 年平均质量浓度	mg/m^3	0.045	0.102	0.04	0.391	0.018
	黄石市二氧化硫年平均质量浓度	mg/m^3	0.045	0.04	0.02	0.5	0.023
	黄石市二氧化氮年平均质量浓度	mg/m^3	0.045	0.019	0.04	1	0.045
	黄石市空气达到二级以上天数的比例	%	0.045	87.10	100	0.871	0.039
	黄石市省控断面达标率	%	0.045	21.5	100	0.215	0.009 7
	黄石市国控断面达标率	%	0.045	100	100	1	0.045
	黄石市集中式饮用水水源水质达标率	%	0.045	100	100	1	0.045
	黄石市黄标车报废数目	辆	0.045	390	1 022	0.382	0.017

综合指标	具体指标	单位	权重	指标值	目标值	目标值标准化	EPPI
环境响应指标	环保投资占 GDP 比例	%	0.045	1.2	1.5	0.8	0.036
	黄石市工业废水处理量	t/d	0.045	40 003.02	40 000	1	0.045
	黄石市工业废水治理设施数	套	0.045	223	199	1	0.045
	黄石市工业废气治理设施处理能力	万 m^3/h	0.045	3 318.903	1 683.177	1	0.045
	黄石市工业废气治理设施数	套	0.045	600	523	1	0.045
	黄石市工业废水中化学需氧量去除率	%	0.045	89.42	100	0.894 2	0.04
	黄石市工业废水中氨氮去除率	%	0.045	61.91	100	0.619 1	0.028
	黄石市工业废气中二氧化硫去除率	%	0.045	84.85	100	0.848 5	0.038

表 6-6　黄石市“十一五”污染减排绩效评估指标体系（2010 年）

综合指标	具体指标	单位	权重	指标值	目标值	目标值标准化	EPPI
环境压力指标	黄石市工业废水中化学需氧量排放量	t	0.045	7 698.19	6 361.35	0.826	0.037
	黄石市工业废水中氨氮排放量	t	0.045	387.25	336.99	0.87	0.039
	黄石市工业废气中二氧化硫排放量	t	0.045	74 479.92	74 479.42	1	0.045
	黄石市城镇生活污染物排放中化学需氧量排放量	t	0.045	22 450.03	22 450.03	1	0.045
	黄石市城镇生活污染物排放中氨氮排放量	t	0.045	2 338.81	2 338.81	1	0.045
	黄石市城镇生活污染物排放中二氧化硫排放量	t	0.045	4 668	4 668	1	0.045

综合指标	具体指标	单位	权重	指标值	目标值	目标值标准化	EPPI
环境质量指标	黄石市 PM_{10} 年平均质量浓度	mg/m^3	0.045	0.089	0.04	0.449	0.020
	黄石市二氧化硫年平均质量浓度	mg/m^3	0.045	0.038	0.02	0.526	0.024
	黄石市二氧化氮年平均质量浓度	mg/m^3	0.045	0.023	0.04	1	0.045
	黄石市空气达到二级以上天数的比例	%	0.045	87.70	100	0.877	0.039
	黄石市省控断面达标率	%	0.045	21.5	100	0.215	0.009 7
	黄石市国控断面达标率	%	0.045	100	100	1	0.045
	黄石市集中式饮用水水源水质达标率	%	0.045	100	100	1	0.045
	黄石市黄标车报废数目	辆	0.045	1 022	1 022	1	0.045
环境响应指标	环保投资占 GDP 比例	%	0.045	1.5	1.5	1	0.045
	黄石市工业废水处理量	t/d	0.045	41 488.8	40 000	1	0.045
	黄石市工业废水治理设施数	套	0.045	218	199	1	0.045
	黄石市工业废气治理设施处理能力	万 m^3/h	0.045	4 215.702	1 683.177	1	0.045
	黄石市工业废气治理设施数	套	0.045	686	523	1	0.045
	黄石市工业废水中化学需氧量去除率	%	0.045	91.23	100	0.912 3	0.041
	黄石市工业废水中氨氮去除率	%	0.045	60.31	100	0.603 1	0.027
	黄石市工业废气中二氧化硫去除率	%	0.045	86.25	100	0.862 5	0.039

表 6-7 黄石市“十一五”污染减排绩效评估指标体系分年度明细

综合指标	具体指标	单位	2006 年	2007 年	2008 年	2009 年	2010 年
环境压力指标	黄石市工业废水中化学需氧量排放量	t	7 901.945	6 901.242	6 406.174	6 361.35	7 698.19
	黄石市工业废水中氨氮排放量	t	396.24	791.792 2	725.8	336.99	387.25

综合指标	具体指标	单位	2006 年	2007 年	2008 年	2009 年	2010 年
环境压力指标	黄石市工业废气中二氧化硫排放量	t	102 426. 2	93 950. 03	90 608. 26	83 602. 73	74 479. 92
	黄石市城镇生活污染物排放中化学需氧量排放量	t	26 322. 15	26 500. 33	26 590. 13	25 835. 78	22 450. 03
	黄石市城镇生活污染物排放中氨氮排放量	t	3 207. 34	3 241. 06	3 083. 82	2 564. 2	2 338. 81
	黄石市城镇生活污染物排放中二氧化硫排放量	t	6 000	5 999	6 043	5 268	4 668
环境质量指标	黄石市 PM_{10} 年均质量浓度	mg/m^3	0. 123	0. 117	0. 113	0. 102	0. 089
	黄石市二氧化硫年均质量浓度	mg/m^3	0. 038	0. 028	0. 036	0. 04	0. 038
	黄石市二氧化氮年均质量浓度	mg/m^3	0. 03	0. 021	0. 027	0. 019	0. 023
	黄石市空气达到二级以上天数的比例	%	72. 60	83. 30	83. 10	87. 10	87. 70
	黄石市省控断面达标率	%	21. 5				
	黄石市国控断面达标率	%	100				
	黄石市集中式饮用水水源水质达标率	%	100				
	黄石市黄标车报废数目	辆	653	650	535	390	1 022
环境响应指标	环保投资占 GDP 比例	%	0. 8	1	1. 15	1. 2	1. 5
	黄石市工业废水处理量	t/d	44 163. 02	44 357. 5	49 886. 69	40 003. 02	41 488. 8
	黄石市工业废水治理设施数	套	234	222	199	223	218
	黄石市工业废气治理设施处理能力	万 m^3/h	2 683. 177	2 905. 398	3 315. 479	3 318. 903	4 215. 702
	黄石市工业废气治理设施数	套	523	571	568	600	686

综合指标	具体指标	单位	2006 年	2007 年	2008 年	2009 年	2010 年
环境响应指标	黄石市工业废水中化学需氧量去除率	%	83.9	80.32	89.44	89.42	91.23
	黄石市工业废水中氨氮去除率	%	13.45	14.59	37.67	61.91	60.31
	黄石市工业废气中二氧化硫去除率	%	80.32	82.62	83.56	84.85	86.25

6.1.2 污染减排绩效指数与环境质量相关性分析

6.1.2.1 黄石市二氧化硫减排与环境空气质量关联分析

“十一五”期间，黄石市共获取二氧化硫有效数据 7 201 个，年均值质量浓度在 0.028 ~ 0.040 mg/m^3，均达到国家环境空气质量二级标准。从五年监测结果看，年均值最高质量浓度为 0.040 mg/m^3，出现在 2009 年。

2006—2010 年黄石市二氧化硫年均质量浓度值、环境空气综合污染指数年际变化情况见图 6-2。

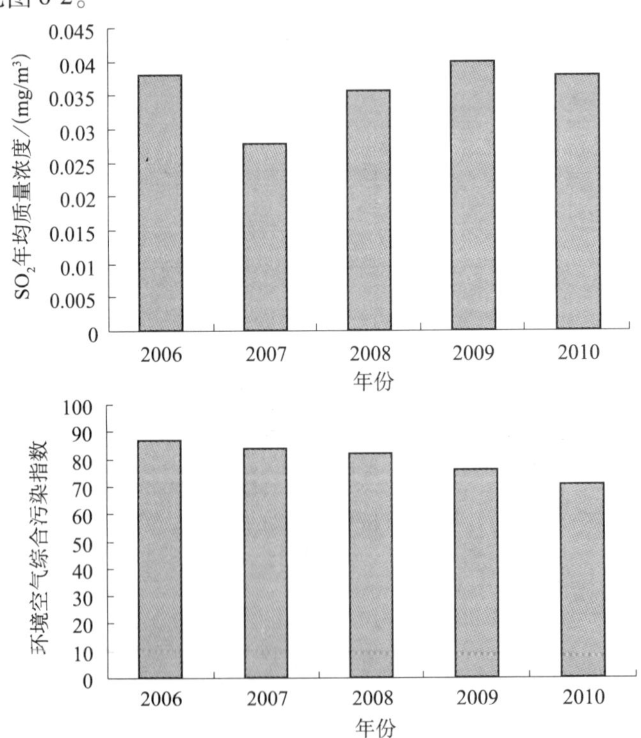

图 6-2 “十一五”期间二氧化硫年均质量浓度、环境空气综合污染指数变化趋势

2006—2010 年黄石市二氧化硫每年的排放量及其变化趋势如图 6-3 所示。

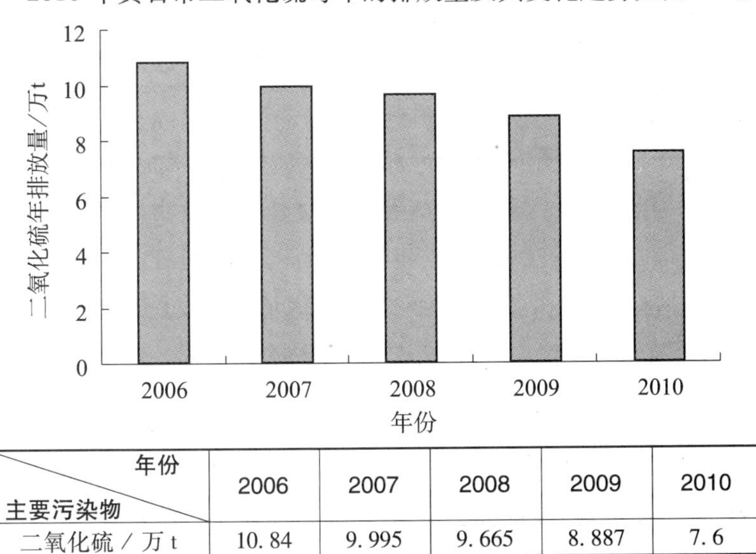

主要污染物＼年份	2006	2007	2008	2009	2010
二氧化硫 / 万 t	10. 84	9. 995	9. 665	8. 887	7. 6

图 6-3　2006—2010 年黄石市二氧化硫年排放量变化趋势

综合分析黄石市五年间二氧化硫的年均浓度值与同期全市环境空气综合污染指数的变化趋势以及“十一五”期间二氧化硫减排量可以发现它们之间基本呈正相关性，这也说明五年间二氧化硫的减排以及大气环境综合治理对全市的环境空气质量的改善起到了很好的促进作用。

6. 1. 2. 2　全市化学需氧量减排与水环境质量关联分析

2006　2010 年黄石市主要河流单因了指数见表 6-8。

表 6-8　“十一五”期间黄石市域内主要河流单因子指数

项目＼年份	2006	2007	2008	2009	2010
长江	Ⅲ	Ⅱ	Ⅱ	Ⅱ	Ⅱ
磁湖	Ⅴ	Ⅴ	Ⅴ	Ⅴ	Ⅴ
大冶湖	Ⅳ	Ⅳ	Ⅳ	Ⅲ	Ⅲ
青山湖	Ⅴ	Ⅴ	Ⅴ	Ⅴ	Ⅴ

从表中可以看出，“十一五”期间黄石市的水环境质量总体呈明显好转趋势。“十一五”期间黄石市工业废水中化学需氧量的排放量见表 6-9。

表6-9 “十一五”期间黄石市全市化学需氧量的排放量

年份 项目	2006	2007	2008	2009	2010
全市化学需氧量排放量/t	7 901. 945	6 901. 242	6 406. 174	6 361. 35	7 698. 19

从以上数据可以看出，除2010年化学需氧量排放量明显升高外，其余四年基本保持稳中有降的趋势。由表6-8和表6-9综合分析可知，五年间全市地表水污染指数以及化学需氧量污染分指数和化学需氧量的排放量逐年减小，也呈正相关性，充分说明了化学需氧量减排以及水污染综合治理对于水环境的改善起到了积极的促进作用，使得黄石市地表水污染势头得到了较好的遏制。

6.1.2.3 减排措施的成本分析

从2007年开始，黄石市投入近100亿元，加强城市污水处理厂及配套管网建设、农村生态环境综合整治、垃圾发电厂建设、水生态保护等民生工程建设，并在市委、市政府的组织领导下，成立了减排领导小组。为进一步推动污染减排工作，在编制紧张的情况下，2010年市政府编办特批准市环保局成立了总量科，专门负责全市的污染减排工作，目前总量科在职人员3人，借用人员1人，其中有3人具体负责减排的各项事务。7年来市环保局、水利局、建管委、发展改革委、经信委、农业局、公安局、交通局等职能部门相互协调配合，各司其职共同推进全市污染物减排工作。“十一五”以来全市不仅实施各项具体环境工程治理，关停大批不符合产业政策的高能耗、高污染企业，同时还注重实施区域、流域环境的综合整治，如磁湖、青山湖、青港湖“三湖连通”、开山塘口整治、新农村建设等工程，为黄石市建设生态宜居城夯实基础。

在这些减排措施中工程治理和结构关停减排、“以奖代补”减排实施较为容易，这些减排措施的实施主要依靠资金的投入，在资金充足或融资渠道完善的情况下，很容易完成工程减排和结构减排目标任务，并能立竿见影地见到实际效果（如污水处理厂的建设大多依靠BOT形式，工程建设难度不大、资金保障较为容易）。但与此同时，管理减排作为工程减排的后续，实施起来难度较大：一方面管理减排需依靠新技术的开发与利用，如目前我国的电力能耗、钢铁行业水耗等指标均低于国外先进水平。另一方面管理减排也需要企业高度的责任心和环境监察队伍的业务能力水平。而县、区级的环境监察人员本科以上的专业人员较少，同时受编制的影响借用人员也占相当一部分。

6.1.2.4　减排政策对社会经济的影响分析

（1）对经济的影响

表 6-10　COD 排放强度

项目＼年份	2006	2007	2008	2009	2010
COD 排放量/t	7 901.945	6 901.424	6 406.174	6 361.35	7 698.19
GDP/亿元	401.03	466.68	556.57	597.78	690.12
COD 排放强度/（t/亿元）	19.704 12	14.787 95	11.510 01	10.641 62	11.154 86

从表 6-10 中可以看出 COD 排放量 2006—2009 年逐年下降，2010 年略有上升，GDP 逐年增大，COD 的排放强度除了 2010 年略有上升外也呈逐年下降趋势，COD 排放强度从“十一五”初期的约 19.7t/亿元下降到 2009 年末期的约 10.6t/亿元，2010 年由于 COD 排放量有所增加 COD 排放强度有微小增加幅度，但也比 2006 年的要低 8.6 t/亿元。说明“十一五”减排控制取得了较好的成绩，在促进经济增长的同时也较好地完成了节能减排目标。

（2）对社会的影响

由于“十一五”期间市政府等有关部门加大了节能减排、环境保护的力度，黄石市告别了“光灰城市”的帽子，空气质量明显得到了改善，水环境治理也取得了良好的成绩，民众环保意识也得到提升。

6.1.2.5　减排效果的稳定性分析

表 6-11　“十一五”污染减排绩效指数（EPPI）指标值

年份	2006	2007	2008	2009	2010
环境压力指标	27.61	27.47	28.44	31.65	33.67
环境质量指标	23.14	23.74	23.82	24.26	24.71
环境响应指标	12.62	13.73	16.63	17.44	23.34

由表 6-11 可以看出，在“十一五”期间污染减排绩效指数中环境压力指标、环境质量指标和环境响应指标的变化情况。其中，环境压力指标反映的是污染物

排放量变化情况，表 6-11 表明黄石市污染物排放量控制绩效明显。环境响应指标反映主要污染物去除效率，可以看出 2009—2010 年，污染物治理效率有了较大进步，主要原因既包括长时间污染治理设施投资带来的规模和累积性效应，也包括政府部门环境监管能力提升而产生的管理减排效应。环境质量指标变化较小，但总体呈上升趋势，说明压力缓解和治理效率提高对质量改善产生了一定效果。

6.2 黄石市“十二五”污染减排绩效评估

根据环境保护部污染减排绩效评估体系指标设置的总体情况，结合黄石市实际，在尽量保持原有指标的基础上，将其中部分指标进行修改，建立了能够准确反映黄石市“十二五”污染减排工作及成绩的指标体系。

6.2.1 “十二五”污染减排绩效指标体系计算结果

根据环境保护部污染减排绩效评估体系指标计算方法，结合黄石市环境统计、“十二五”主要污染物总量减排规划、日常监测报告等相关资料，计算出黄石市“十二五”前两年各年度的污染减排绩效指数（EPPI），计算结果见表 6-12、表 6-13，指标体系见表 6-14 ~ 表 6-16。

表 6-12 黄石市“十二五”前两年各指标 EPPI 计算结果

<table>
<tr><th>一级指标</th><th>二级指标</th><th>三级指标</th><th>类别</th><th>权重</th><th>2011 年</th><th>2012 年</th></tr>
<tr><td rowspan="9">水污染物减排绩效指标（50）</td><td rowspan="7">环境压力指标（16.7）</td><td rowspan="2">废水排放量</td><td>工业</td><td>2.4</td><td>1.73</td><td>2.39</td></tr>
<tr><td>生活</td><td>2.4</td><td>2.40</td><td>1.99</td></tr>
<tr><td rowspan="2">化学需氧量排放量</td><td>工业</td><td>2.4</td><td>2.14</td><td>2.40</td></tr>
<tr><td>生活</td><td>2.4</td><td>2.40</td><td>2.43</td></tr>
<tr><td rowspan="3">氨氮排放量</td><td>农业</td><td>2.4</td><td>2.40</td><td>2.36</td></tr>
<tr><td>工业</td><td>2.4</td><td>2.11</td><td>2.39</td></tr>
<tr><td>生活</td><td>2.4</td><td>2.40</td><td>2.36</td></tr>
<tr><td rowspan="2">环境质量指标（16.7）</td><td>国控断面水质达标率</td><td>—</td><td>4.2</td><td>4.2</td><td>4.2</td></tr>
<tr><td>地表（湖库）水Ⅲ类及以上水质比例</td><td>—</td><td>4.2</td><td>0.92</td><td>0.92</td></tr>
</table>

一级指标	二级指标	三级指标	类别	权重	2011 年	2012 年
水污染物减排绩效指标（50）	环境质量指标（16.7）	地下水水质达标率	—	4.2	3.56	3.32
		集中式饮用水水源水质达标率	—	4.2	4.2	4.2
	环境治理指标（16.7）	本年竣工项目新增废水设计处理能力	—	1.9	1.63	1.9
		废水处理率	工业	1.9	1.62	1.54
			生活	1.9	1.34	1.52
		COD 去除率	工业	1.9	1.67	1.76
			生活	1.9	0.53	0.58
		氨氮去除率	农业	1.9	0.97	1.14
			工业	1.9	1.71	1.59
			生活	1.9	0.77	0.96
		水环境治理投资额	—	1.9	1.52	1.90
大气污染物减排绩效指标（50）	环境压力指标（16.7）	二氧化硫排放量	工业	3.3	3.01	3.26
			生活	3.3	3.30	3.02
		氮氧化物排放量	工业	3.3	3.15	3.30
			生活	3.3	3.26	2.98
			机动车	3.3	3.30	3.17
	环境质量指标（16.7）	PM_{10}年平均质量浓度	—	4.2	2.06	2.66
		SO_2年平均质量浓度	—	4.2	1.40	1.45
		NO_2年平均质量浓度	—	4.2	4.20	4.20
		空气质量达到二级以上天数的比例	—	4.2	3.66	3.97
	环境治理指标（16.7）	本年竣工项日新增废水设计处理能力	—	2.4	1.22	1.51
		二氧化硫去除率	工业	2.4	2.04	2.10
			生活	2.4	1.69	1.92
		氮氧化物去除率	工业	2.4	0.19	0.11
			生活	2.4	0.11	0.14
			机动车	2.4	0.48	0.77
		大气环境治理投资额	—	2.4	1.92	2.16

表 6-13　黄石市污染减排绩效指数变化情况（2010—2012 年）

年份	2010	2011	2012
EPPI	81.72	74.99	78.81

由各年度绩效指数的最终计算结果可知，黄石市“十二五”污染减排绩效指数比“十一五”末期要低，从2010年的81.72下降至2011年年末的74.99，因为“十二五”新增了氮氧化物及氨氮两个约束性指标而且统计范围也新增了农业源及机动车源集中式处理设施等，相对应的每个指标权重减小，所以2011年污染减排绩效指数比2010年要小。而2012年跟2011年相比污染减排绩效指数增大，说明了黄石市“十二五”污染减排取得了一定的成果。由表6-12可以看出，“十一五”污染减排绩效指数较高值主要是由于废水排放量、化学需氧量排放量、氮氧化物排放量、氨氮排放量、二氧化硫排放量、地下水水质达标率、集中式饮用水水源水质达标率、国控断面水质达标率、空气质量达到二级以上天数的比例以及二氧化氮年均浓度10个指标的指数较高。污染物排放量由于跟目标值较接近PI值较大，地下水、集中式饮用水水源、国控断面水质达标率三个指标值都为或者较接近100%，而二氧化氮年均质量浓度较小符合国家一级标准、PI值为1，所以这9个指标对减排绩效指数贡献大。废水处理率、化学需氧量去除率、氨氮去除率、氮氧化物去除率、地表（湖库）水Ⅲ三类及以上水质比例及二氧化硫年均质量浓度6个指标对污染减排绩效指数贡献较低。因为指标的去除率过低，远达不到100%，PI值过小，而二氧化硫年均质量浓度是因为高于国家二级标准、PI值较小，所以这6个指标对于污染减排绩效指数贡献较小。

表6-14　黄石市“十二五”污染减排绩效评估指标体系（2011年）

综合指标	具体指标	单位	权重	指标值	目标值	PI值	EPPI
环境压力指标	黄石市工业废水中化学需氧量排放量	t	0.036	5 932.56	5 285.68	0.890 961	0.032
	黄石市工业废水中氨氮排放量	t	0.036	388.52	341.631	0.879 314	0.032
	黄石市工业废气中二氧化硫排放量	t	0.036	91 518.101 9	83 362.135	0.910 881	0.033
	黄石市工业废气中氮氧化物排放量	t	0.036	55 389.3	52 857.539	0.954 292	0.034
	黄石市农业污染物中化学需氧量排放量	t	0.036	9 135.43	9 135.43	1	0.036

综合指标	具体指标	单位	权重	指标值	目标值	PI 值	EPPI
环境压力指标	黄石市农业污染物中氨氮排放量	t	0. 036	900. 14	900. 14	1	0. 036
	黄石市城镇生活污染物排放中化学需氧量排放量	t	0. 036	19 708. 85	19 708. 85	1	0. 036
	黄石市城镇生活污染物排放中氨氮排放量	t	0. 036	2 984. 35	2 984. 35	1	0. 036
	黄石市城镇生活污染物排放中二氧化硫排放量	t	0. 036	3 825	3 825	1	0. 036
	黄石市城镇生活污染物排放中氮氧化物排放量	t	0. 036	405	405	1	0. 036
	黄石市机动车污染排放中氮氧化物排放量	t	0. 036	8 245. 71	8 245. 71	1	0. 036
环境质量指标	黄石市 PM_{10} 年平均质量浓度	mg/m^3	0. 036	0. 102	0. 04	0. 392 2	0. 014
	黄石市二氧化硫年平均质量浓度	mg/m^3	0. 036	0. 06	0. 02	0. 333 3	0. 012
	黄石市二氧化氮年平均质量浓度	mg/m^3	0. 036	0. 028	0. 04	1	0. 036
	黄石市空气质量达到二级以上天数的比例	%	0. 036	87. 10	100	0. 871	0. 031
	黄石市国控断面达标率	%	0. 036	100	100	1	0. 036
	黄石市省控断面达标率	%	0. 036	21. 50	100	0. 215	0. 01
	黄石市集中式饮用水水源水质达标率	%	0. 036	100	100	1	0. 036
	黄石市黄标车报废数目	辆	0. 036	543	543	1	0. 036
环境响应指标	黄石市环保投资占 GDP 比例	%	0. 036	1. 55	2	0. 775	0. 028

综合指标	具体指标	单位	权重	指标值	目标值	PI 值	EPPI
环境响应指标	黄石市工业废水处理量	t/d	0.036	40 051.114 4	19 821.375 2	1	0.036
	黄石市工业废水治理设施数	套	0.036	252	252	1	0.036
	黄石市工业废气治理设施处理能力	万 m^3/h	0.036	17 350.934 12	4 278.388 65	1	0.036
	黄石市工业废气治理设施数	套	0.036	717	752	0.953 5	0.034
	黄石市工业废水中化学需氧量去除率	%	0.036	88.15	100	0.881 5	0.32
	黄石市工业废水中氨氮去除率	%	0.036	90.05	100	0.900 5	0.032
	黄石市工业废气中二氧化硫去除率	%	0.036	85.00	100	0.85	0.031
	黄石市工业废气中氮氧化物去除率	%	0.036	7.74	100	0.077 4	0.002 8

表 6-15　黄石市“十二五”污染减排绩效评估指标体系（2012 年）

综合指标	具体指标	单位	权重	指标值	目标值	PI 值	EPPI
环境压力指标	黄石市工业废水中化学需氧量排放量	t	0.036	5 285.68	5 285.68	1	0.036
	黄石市工业废水中氨氮排放量	t	0.036	341.631	341.631	1	0.036
	黄石市工业废气中二氧化硫排放量	t	0.036	83 362.135	83 362.135	1	0.036
	黄石市工业废气中氮氧化物排放量	t	0.036	52 857.539	52 857.539	1	0.036
	黄石市农业污染物中化学需氧量排放量	t	0.036	9 165.903	9 135.43	0.996 675	0.036
	黄石市农业污染物中氨氮排放量	t	0.036	915.459	900.14	0.983 266	0.036
	黄石市城镇生活污染物排放中化学需氧量排放量	t	0.036	19 491.071	19 708.85	1	0.036

综合指标	具体指标	单位	权重	指标值	目标值	PI 值	EPPI
环境压力指标	黄石市城镇生活污染物排放中氨氮排放量	t	0.036	3 033.978	2 984.35	0.983 643	0.036
	黄石市城镇生活污染物排放中二氧化硫排放量	t	0.036	4 176	3 825	0.915 948	0.033
	黄石市城镇生活污染物排放中氮氧化物排放量	t	0.036	442	405	0.916 29	0.033
	黄石市机动车污染排放中氮氧化物排放量	t	0.036	8 584.94	8 245.71	0.960 5	0.034
环境质量指标	黄石市 PM_{10} 年平均质量浓度	mg/m^3	0.036	0.079	0.04	0.506 3	0.018
	黄石市二氧化硫年平均质量浓度	mg/m^3	0.036	0.058	0.02	0.344 8	0.012
	黄石市二氧化氮年平均质量浓度	mg/m^3	0.036	0.038	0.04	1	0.036
	黄石市空气质量达到二级以上天数的比例	%	0.036	94.50	100	0.945	0.034
	黄石市国控断面达标率	%	0.036	100.00	100	1	0.036
	黄石市省控断面达标率	%	0.036	21.50	100	0.215	0.007 8
	黄石市集中式饮用水水源水质达标率	%	0.036	100	100	1	0.036
	黄石市黄标车报废数目	辆	0.036	1 150	543	1	0.036
环境响应指标	黄石市环保投资占 GDP 比例	%	0.036	1.7	2	0.85	0.031
	黄石市工业废水处理量	t/d	0.036	19 821.375 2	19 821.375 2	1	0.036
	黄石市工业废水治理设施数	套	0.036	263	252	1	0.036

综合指标	具体指标	单位	权重	指标值	目标值	PI 值	EPPI
环境响应指标	黄石市工业废气治理设施处理能力	万 m^3/h	0.036	4 278.388 65	4 278.388 65	1	0.036
	黄石市工业废气治理设施数	套	0.036	752	752	1	0.036
	黄石市工业废水中化学需氧量去除率	%	0.036	92.77	100	0.927 7	0.33
	黄石市工业废水中氨氮去除率	%	0.036	83.54	100	0.835 4	0.032
	黄石市工业废气中二氧化硫去除率	%	0.036	87.50	100	0.875	0.032
	黄石市工业废气中氮氧化物去除率	%	0.036	4.44	100	0.044 4	0.001 6

表 6-16　黄石市“十二五”污染减排绩效评估指标体系分年度明细

综合指标	具体指标	单位	2011 年	2012 年
环境压力指标	黄石市工业废水中化学需氧量排放量	t	5 932.56	5 285.68
	黄石市工业废水中氨氮排放量	t	388.52	341.631
	黄石市工业废气中二氧化硫排放量	t	91 518.101 9	83 362.135
	黄石市工业废气中氮氧化物排放量	t	55 389.3	52 857.539
	黄石市农业污染物中化学需氧量排放量	t	9 135.43	9 165.903
	黄石市农业污染物中氨氮排放量	t	900.14	915.459
	黄石市城镇生活污染物排放中化学需氧量排放量	t	19 708.85	19 491.071
	黄石市城镇生活污染物排放中氨氮排放量	t	2 984.35	3 033.978
	黄石市城镇生活污染物排放中二氧化硫排放量	t	3 825	4 176
	黄石市城镇生活污染物排放中氮氧化物排放量	t	405	442
	黄石市机动车污染排放中氮氧化物排放量	t	8 245.71	8 584.94
环境质量指标	黄石市 PM_{10} 年平均质量浓度	mg/m^3	0.102	0.079
	黄石市二氧化硫年平均质量浓度	mg/m^3	0.06	0.058
	黄石市二氧化氮年平均质量浓度	mg/m^3	0.028	0.038

综合指标	具体指标	单位	2011 年	2012 年
环境质量指标	黄石市空气质量达到二级以上天数的比例	%	87.10	94.50
	黄石市国控断面达标率	%	100	100
	黄石市省控断面达标率	%	21.50	21.50
	黄石市集中式饮用水水源水质达标率	%	100	100
	黄石市黄标车淘汰数	%	543	1 150
环境响应指标	黄石市环保投资占 GDP 比例	%	1.55	1.7
	黄石市工业废水处理量	t/d	40 051.114 4	19 821.375 2
	黄石市工业废水治理设施数	套	252	263
	黄石市工业废气治理设施处理能力	万 m^3/h	17 350.934 12	4 278.388 65
	黄石市工业废气治理设施数	套	717	752
	黄石市工业废水中化学需氧量去除率	%	88.15	92.77
	黄石市工业废水中氨氮去除率	%	90.05	83.54
	黄石市工业废气中二氧化硫去除率	%	85.00	87.50
	黄石市工业废气中氮氧化物去除率	%	7.74	4.44

6.2.2　污染减排绩效指数与环境质量相关性分析

6.2.2.1　全市二氧化硫减排与环境空气质量关联分析

“十二五”前两年，黄石市共获取二氧化硫有效数据 2 693 个，日均值质量浓度在 0.033 ~ 0.079 mg/m^3，符合国家环境空气质量二级标准。

2011—2012 年黄石市二氧化硫年均质量浓度值及环境空气质量综合污染指数年际变化情况见图 6-4。

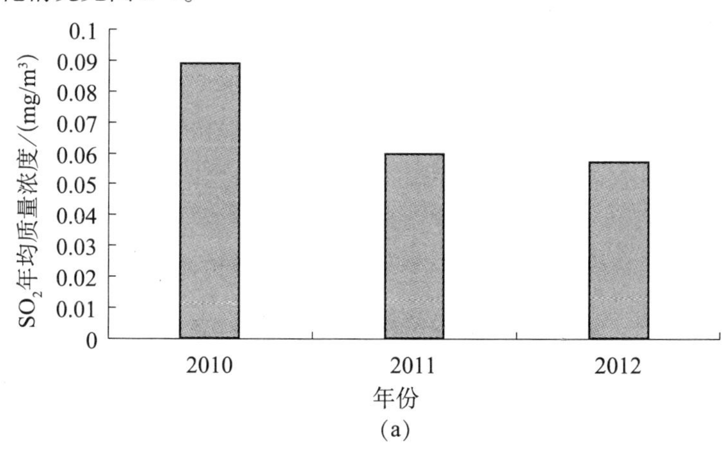

(a)

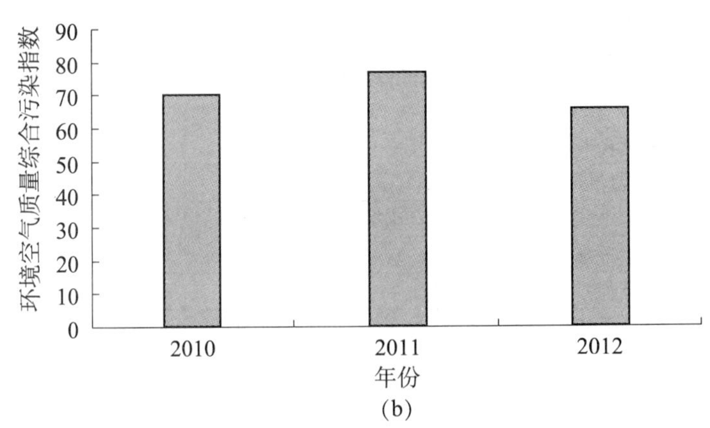

图 6-4 黄石市二氧化硫年均质量浓度（a）及环境空气质量综合污染指数（b）变化趋势（2010—2012）

综合分析黄石市 2010—2012 年二氧化硫的年均质量浓度值与同期全市环境空气质量综合污染指数的变化趋势以及“十二五”前两年二氧化硫减排量可以发现它们之间基本呈正相关，这也说明这几年间二氧化硫的减排以及大气环境综合治理对全市的环境空气质量的改善起到了很好的促进作用。

6.2.2.2 氮氧化物减排与环境空气质量相关性分析

“十二五”前两年，黄石市氮氧化物排放量如图 6-5 所示。

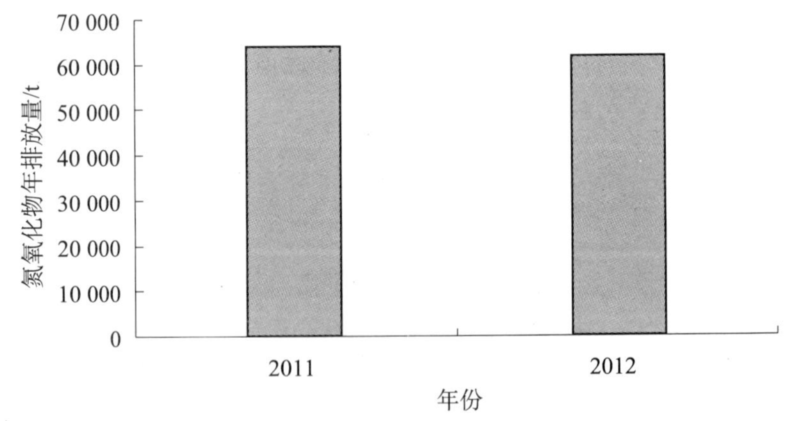

图 6-5 “十二五”前两年氮氧化物排放量变化

综合分析黄石市“十二五”前两年氮氧化物与同期全市环境空气质量综合污染指数的变化趋势可以发现它们之间基本呈正相关，这也说明这两年间氮氧化物的减排以及大气环境综合治理对全市的环境空气质量的改善起到了很好的促进作用。

6.2.2.3　全市化学需氧量减排与水环境质量关联分析

2010—2012 年黄石市主要河流的单因子指数见表 6-17。

表 6-17　“十二五”前两年黄石市域内主要河流单因子指数

年份 项目	2011	2012
长江	Ⅱ	Ⅱ
磁湖	Ⅴ	Ⅴ
大冶湖	Ⅲ	Ⅲ
青山湖	Ⅳ	Ⅳ

“十二五”前两年黄石市全市化学需氧量的排放量见表 6-18。

表 6-18　“十二五”前两年黄石市全市化学需氧量的排放量

年份 项目	2011	2012
全市化学需氧量排放量/t	35 198.94	34 364.75

综合 2006—2012 年数据，单因子指数和化学需氧量的排放量逐年减小，也呈正相关，充分说明化学需氧量减排以及水污染综合治理对水环境的改善起到了积极的促进作用，使得黄石市地表水污染势头得到了较好的遏制。

6.2.2.4　全市氨氮减排与水环境质量关联分析

2011—2012 年黄石市全市氨氮的排放量见表 6-19。

表 6-19　“十二五”前两年黄石市全市氨氮的排放量

年份 项目	2011	2012
全市氨氮排放量/t	4 333.31	4 284.34

2012 年氨氮排放量达到湖北省削减要求（1.13%），这与近两年氨氮处理设施和能力逐步提升相关。

6.2.2.5　减排措施的成本分析

“十二五”期间黄石市在延续“十一五”节能减排政策措施的前提下继续加

大对节能减排、环境保护的投入：一是要加大环保设施的运行管理，让现有的减排设施发挥最大的减排效应，尤其是已经投运的电厂脱硝治理设施需进一步提高脱硝效率；二是完善已有减排项目相关设施，山南污水处理厂需加大配套污水管网建设力度，提高进水水量及浓度；三是加快减排项目的建设步伐，湖北西塞山发电有限公司 2 号机组脱硝工程是国家重点减排项目，需倒排工期，确保在规定的时间内建成运行，保障全市氮氧化物减排目标的完成。

6.2.2.6 减排政策对社会经济的影响分析

（1）对经济的影响

表 6-20 COD 排放强度

项目 \ 年份	2010	2011	2012
COD 排放量/t	7 698.19	5 932.56	5 285.68
GDP/亿元	690.12	925.96	1 040
COD 排放强度/（t/亿元）	11.154 86	6.406 9	5.082 3

从表 6-20 可以看出 2011—2012 年 COD 排放逐年减小，GDP 逐年增加，COD 排放强度逐渐减小，可以看出节能减排取得了良好的绩效。在稳定经济快速增长的前提下较好地完成了污染物指标排放控制的目标。

（2）对社会的影响

在“十一五”期间节能减排使得黄石市全面告别“光灰城市”的高帽、空气质量得到全面提升的影响下，黄石市民众对于环保工作的支持力度大大增加，环保意识也越来越高，对于环保工作的满意度也大大提高。2012 年以来，共接受涉及污染投诉的“12369”电话 1 180 个，办理上级批转的交办件 87 件，办理湖北省网上信访管理系统转来件 49 件，“12345 市长热线”办理件 80 件，受理群众来信 5 件，接待群众来访（环境案件）27 次，保门户网站投诉 61 件，涉及污染投诉 49 件，信访（投诉）的受理率 100%，查处率 100%，回复率 100%，受访满意度 100%。

6.2.2.7　减排效果的稳定性分析

表6-21　EPPI指标值（2010—2012年）

年份	2010	2011	2012
环境压力指标	33.67	31.59	32.11
环境质量指标	24.71	24.18	24.91
环境治理指标	23.34	21.32	23.94

由表6-21可知环境压力指标 > 环境质量指标 > 环境治理指标，可以看出管理的减排效果最好，“十二五”以来环境压力指标保持在30以上，结构减排效果2012年比2011年同比增长3%，工程减排效果2012年比2011年同比增长12.29%。“十二五”三大措施中，管理措施减排绩效（环境压力指标）大约比结构措施绩效（环境质量指标）高29%，比工程措施绩效（环境治理指标）高48%左右。管理措施减排效果最佳，在控制排放量增加的同时也应当考虑对经济增长的影响，所以最稳定的方法还是提高管理能力，同时应加强工程措施。

6.3　黄石市2006—2012年污染减排绩效评估体系指标说明

自2011年以来，我国政府开始实施“十二五”污染减排政策，带有约束性指标的污染物由两个（COD，二氧化硫）变成四个（COD，二氧化硫，氨氮，氮氧化物），所以2011—2012年指标说明多了两个污染物指标。统计范围也在以前的生活源、工业源基础上加入了农业源、机动车和集中式污染治理设施等。所以相应指标的权重较“十一五”期间也有所减小。

6.3.1　环境响应指标

“十一五”、“十二五”期间，全市污染减排工作体制基本形成。各级党委和政府重视污染减排工作，出台了一系列政策措施。市委、市政府把主要污染物减排指标列为全市综合性考核的关键考核内容，实行“一票否决”；市政府成立了节能减排工作领导小组，建立污染减排工作联席会议制度，强化了对污染减排的工作领导；市人大、市政协每年都把环境保护和污染减排作为执法检查和民生监督的重点；市环保局增设污染物排放总量控制处，加强了对污染减排工作的考核和监督；市发展改革委、财政局、水务局、统计局等部门切实履行污染减排职责。

市政府同各区县政府、市政府主管部门签订了污染减排目标责任书，各单位按照要求，将减排任务分解落实到所辖乡镇、街道办事处，最后落实到具体企业；各级政府坚决落实减排责任制和问责制，积极推进污染减排“三大体系”建设；在全市范围内基本形成了“政府主导、部门配合、企业主体、环保监督，全社会共同推进”的减排工作格局。

6.3.1.1 环境保护投资占 GDP 比例

“十一五”、“十二五”期间黄石市环保资金投入主要体现在城市环境基础设施建设、工业污染防治、环保能力建设三个方面。

城市环境基础设施建设投资主要包括城市污水处理工程建设、集中供热、燃气工程、城市园林绿化工程和城市垃圾处理工程等。①城市污水处理工程建设：黄石市非常重视污水处理工程建设工作，特别是污水收集系统的建设与主体工程同步推进，不断加快污水收集系统的建设，配套建设污水处理厂的污水收集管网，“十一五”、“十二五”期间共有 8 家污水处理厂建成投入运行，城市生活污水处理率由 2006 年的 33% 提高到 2012 年的 85% 以上。实施磁湖、大冶湖、青山湖排污及治理工程，完成了河、渠道排污治理及清淤任务，绿化面积 20.5 万 m^2；实施了大冶湖、磁湖生态环境治理工程，完成河道疏通及堤防绿化15 000 余 m，改善了城市小气候和生态环境系统；完成了大冶湖治理工程，水质已达到国家地表水Ⅲ类水体标准。随着对黄石市城市污水处理工程设施的不断完善，大大削减了排放污染物的总量，全市水环境质量近年来已趋稳定并逐步好转。②城市燃气以及集中供热工程建设：随着城市居民生活水平的提高和现代住宅建设的配套需要，城市燃气管道建设已成为城市基础设施建设的主要内容之一。近年来，黄石市通过实施清洁能源工程，限制中心城区企业燃煤，新建项目能源使用燃油或燃气，分别对老企业原有燃煤锅炉分批进行燃油改造等工作，截至 2012 年年底，全市天然气居民用户达到 150 万户，供气量 2.4 万 m^3/h。③城市园林绿化工程建设：结合城市主要景观周围的布局，着眼于丰富城市文化内涵，改善城市生态环境，建设绿色广场、绿色社区和企业、绿色通道、人工湿地、防护林、“绿肺”等工程，改善城市气候和城市生态环境，提高城市绿化覆盖率。完成西塞山、东方山、小雷山、国家矿藏公园等景区的建设，启动“山水黄石”，开展“我为黄石栽棵树”活动，通过“国家环境城市”考核验收。④城市垃圾处理工程建设：为进一步加强垃圾的综合利用，减少垃圾处置量，提高垃圾处理能力，先后建成城南生活垃圾卫生填埋场生活垃圾综合处置中心和黄金山垃圾发电厂，同时加大垃圾收集力度，增加垃圾收集车辆和人员，建立了垃圾处理厂自动测量监控系统，2012 年黄石市生活垃圾无害化处理率已达到 90%。

工业污染防治严格执行“三同时”制度，实现新建设项目和环保运行设施的同步建设。市区工业基本实现了“退二进三”。同时，以科技、旅游、商贸为先导，以开发区为载体，构建了以机械设备、交通运输、矿产化工、航空航天、生物医药、食品饮料、石油化工为主的门类齐全的工业体系，培育了高新技术、装备制造、旅游、现代服务、文化五大主导产业，两区一市已成为黄石市主导产业的集聚地、引领全市经济发展的增长极和现代化城市建设的示范区。

环保部门的能力建设则根据国家环境监测、监察、信息宣教机构能力建设的有关标准，增加更新监测设备和执法装备，购置监测、监察车和快速便携监测仪器等硬件设备，解决区（县）级站仪器设备短缺不足的问题，加强区（县）级站常规项目监测和监察能力建设，提高环境监测、监察能力。同时，加强队伍建设，积极引进专业对口的高素质专业技术人员，提高执法人员和监测人员素质。建设区（县）级 12369 环保热线，形成高效的举报查处运行网络。建立全市应急响应系统，及时处理突发污染事件。完善机动车排气污染治理监督管理体系。市环境监察机构基本达到了标准化建设要求，市环境监测机构具备了五大类 45 项监测能力，能力也在不断地增强。环境宣教和信息机构能力建设也在逐步完善和提高。

“十一五”以来，黄石市环境保护资金投入大幅增加，从 2006 年的 1.67 亿元迅速增加到 2012 年年末的 15.6 亿元，增加了 8.3 倍。环保投资指数也从 2006 年的 0.8% 增加到 2012 年年底的 1.5%（图 6-6）。

6.3.1.2　工业废水处理量

2006—2012 年黄石市关停了大批高耗能、高污染的工业企业，大力调整工业结构，结构减排成效显著，同时，大力发展低耗能、低污染的工业，严格执行“三同时”制度，由此工业废水处理量呈下降趋势（图 6-7）。

6.3.1.3　工业废水治理设施数

2006—2012 年黄石市废水在线监测仪器增加了 14 套，处理设施保持在 200

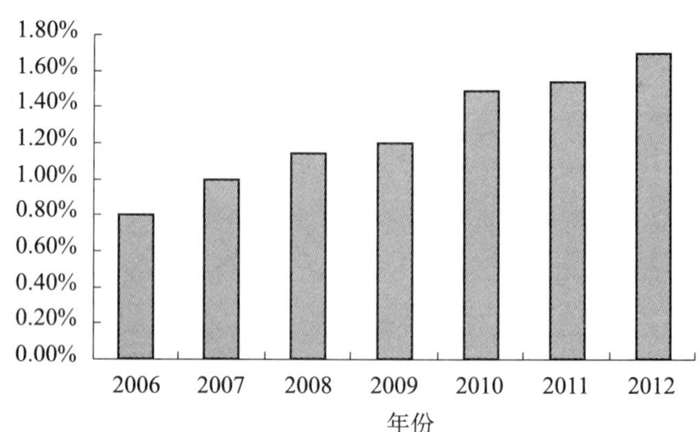

图 6-6　2006—2012 年黄石市环保投资指数变化

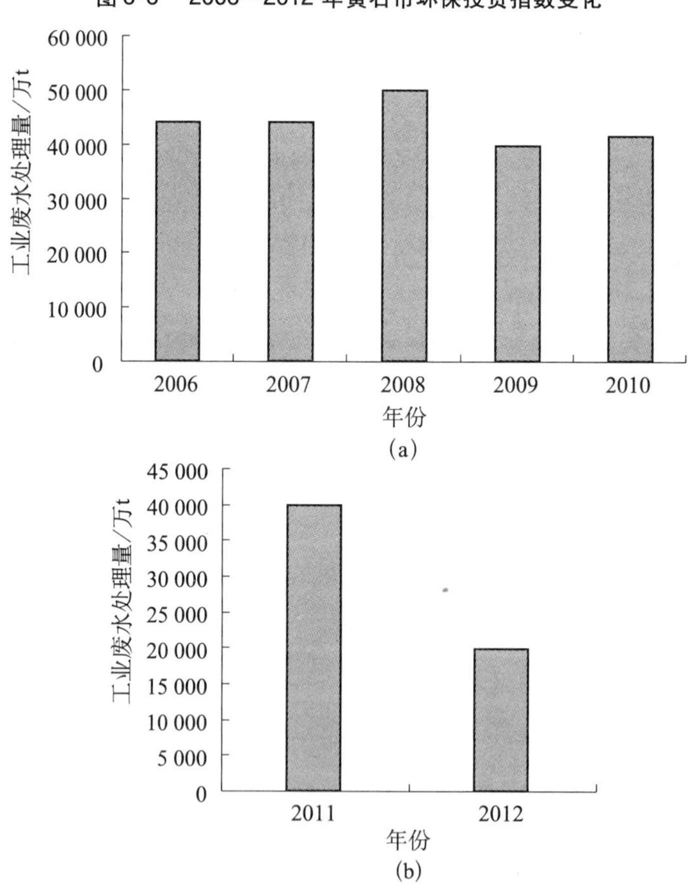

图 6-7　2006—2012 年黄石市工业废水处理量变化

套左右（图6-8），工业废水排放达标率一直处在95%以上，为黄石市水环境质量改善创造了有利的条件，同时为黄石市水环境治理提供了有利的帮助。

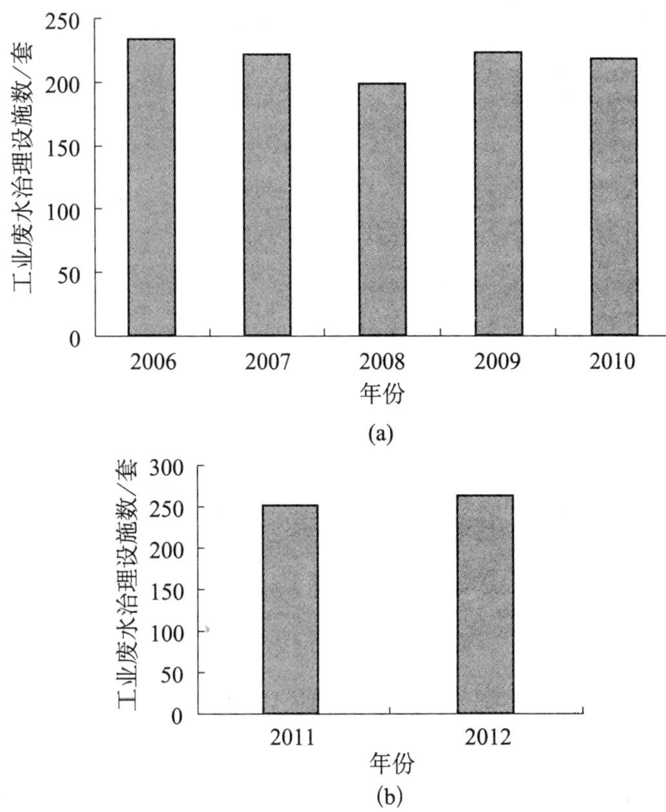

图6-8　2006—2012年黄石市工业废水治理设施数变化

6.3.1.4　工业废气治理设施数

“十一五”期间黄石市加大对废气治理的投资，新增工业废气处理设施163套，废气污染物在线监测仪器由2006年的1套增加到2010年的37套，为环境空气质量提高创造了有利条件。“十二五”前两年黄石市加大对企业“三废”治理设施的整改力度，整顿多家排放不达标企业、矿业。工业废气治理设施从2011年的717套增加到2012年的752套（图6-9）。

6.3.1.5　工业废气治理设施处理能力

“十一五”期间黄石市加大对空气治理的投资，工业废气治理设施处理能力大

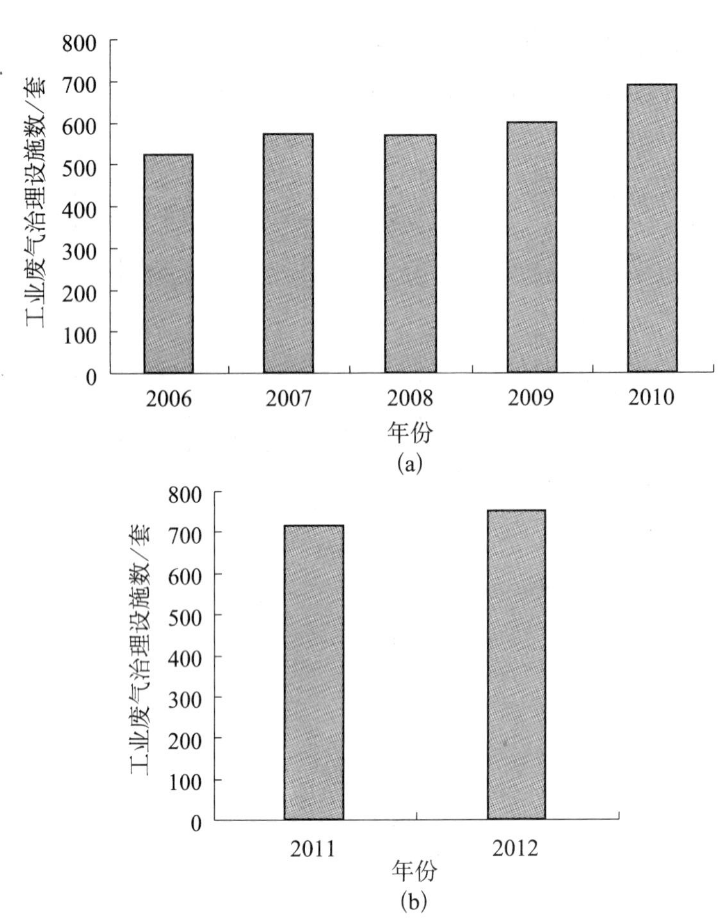

图 6-9　2006—2012 年黄石市工业废气治理设施数变化

幅提升，由 2006 年初期的 2 610. 7 万 m^3/h 提升至 2010 年末期的 4 282. 67 万 m^3/h，处理能力提升了近 30%（图 6-10）。这是由于黄石市加大对企业废气治理设施的建设投入，勒令多家企业增设了脱硫设备，关闭了多家小矿场，废气处理能力得到了大幅的提升。“十二五”前两年黄石市根据“先大后小，先重点后一般”的原则，对全市矿产、企业、制药、餐饮行业等各大行业的排污治理设施进行了整改，对于排放不达标的企业进行了“停、改、整、关”的四步处罚，所以 2012 年较 2011 年工业废气治理设施处理能力有所下降。

6. 3. 1. 6　工业废水中化学需氧量去除率

“十一五”期间，黄石市工业废水中化学需氧量去除率基本呈逐年上升趋

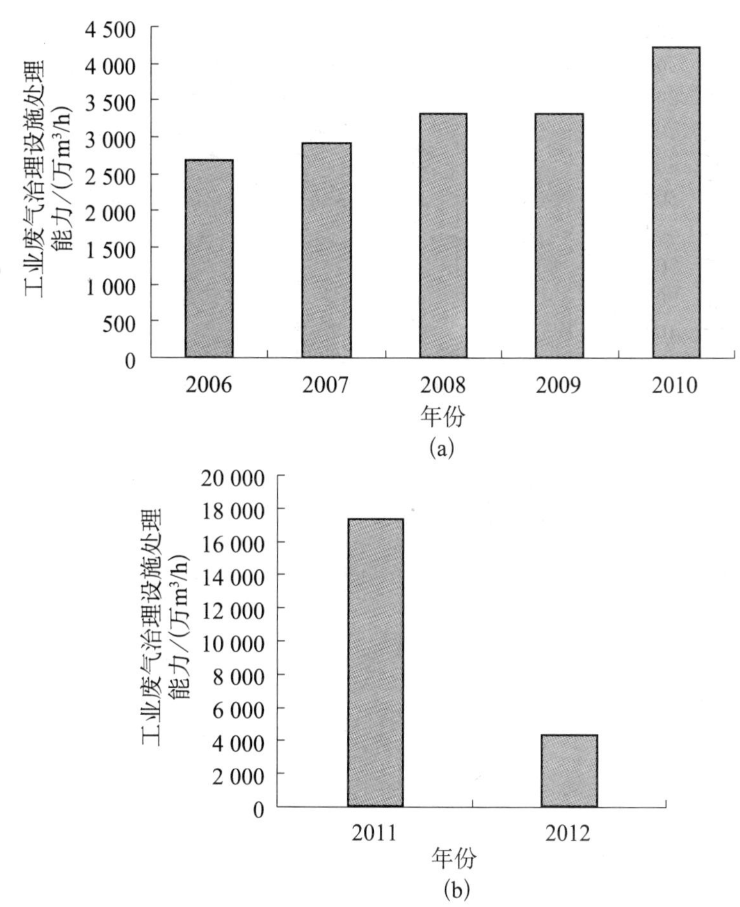

(a)

(b)

图6-10　2006—2012年黄石市工业废气治理设施处理能力变化

势，由“十一五”初期的83%上升至“十一五”末期的91%，同比增长了8%；“十二五”前两年，黄石市工业废水中化学需氧量去除率基本呈逐年上升趋势，由2011年的88.15%上升至2012年的92.77%，同比增长了4.61%（图6-11）。黄石市工业废水中化学需氧量主要排放行业是黑色金属冶炼及压延加工业、化学原料及化学制品制造业及有色金属矿采选业，“十一五”期间黄石市政府加大了对于矿业的整治工作，关闭了多家小矿厂加工业、排放不达标行业，对水环境治理起到至关重要的作用。

6.3.1.7　工业废水中氨氮去除率

“十一五”期间，黄石市工业废水中氨氮去除率呈逐年上升趋势，2009年达到

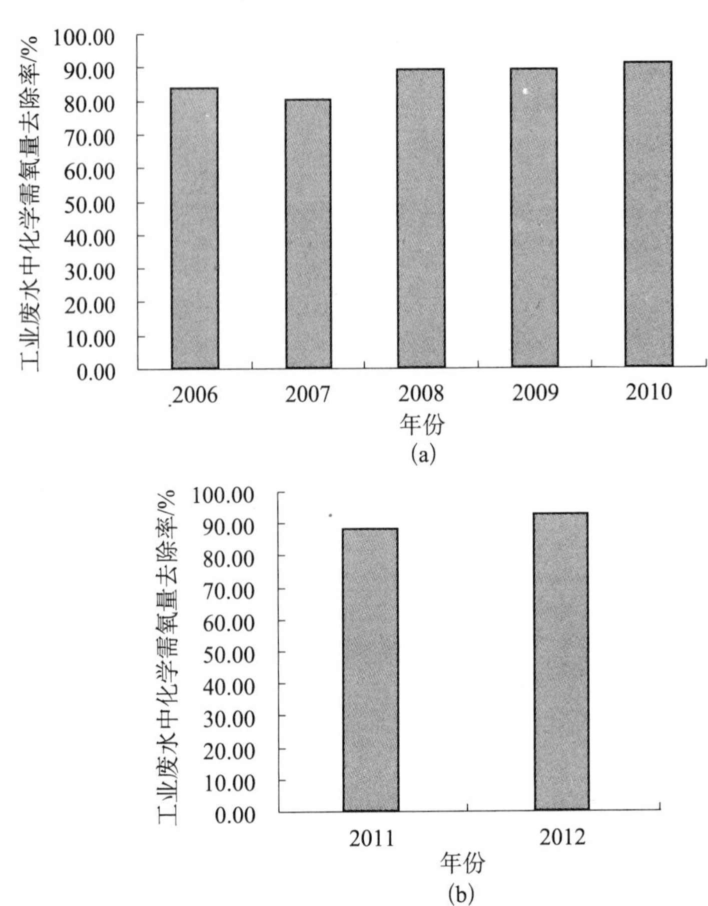

图 6-11　2006—2012 年工业废水中化学需氧量去除率

最大值 61%；“十二五”前两年，黄石市工业废水中氨氮去除率保持在 80% 以上，2011 年达到了 90%（图 6-12），黄石市工业废水中氨氮主要排放行业是黑色金属冶炼及压延加工业，纺织服装，鞋、帽制造业，医药制造业，“十一五”期间黄石市政府对多家服装制造业及医药制造业进行了减排整改，大大改善了氨氮的去除率。

6.3.1.8　工业废气中二氧化硫去除率

“十一五”期间黄石市工业废气中二氧化硫去除率呈逐年上升趋势，由“十一五”初期的 80.32% 上升至末期的 86.25%，增长约 1.07 倍。“十一五”期间，脱硫工程建设是黄石市进行环境整治的重点之一，加快了热电厂、钢铁厂等大型燃煤设施脱硫工程建设；“十二五”前两年黄石市工业废气中二氧化硫去除率呈

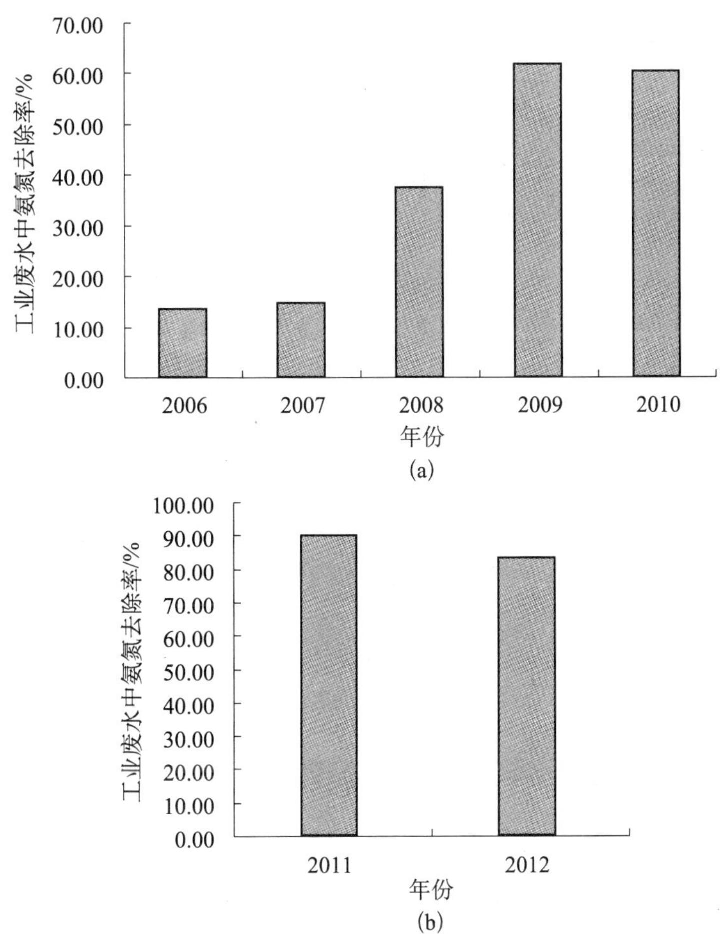

图6-12 2006—2012年工业废水中氨氮去除率

逐年上升趋势，由2011年的85%上升至2012年的87.5%，同比增长2.5%（图6-13）。“十二五”黄石市调整燃料结构，扩大清洁能源，在城市建设基本无煤区。按照“改造区域由内到外，改造吨位由小到大”的原则，有计划有步骤地对燃煤锅炉进行改造，改用清洁能源。对暂未能改造的燃煤锅炉改用低硫优质煤。禁止机关、企业单位、饮食服务业、建筑工地使用燃煤设施，全部改用清洁燃料，减少了二氧化硫的排放量，提高了二氧化硫去除率。

6.3.1.9 工业废气中氮氧化物去除率

由于技术设施有限，氮氧化物去除率达不到10%（图6-14）。

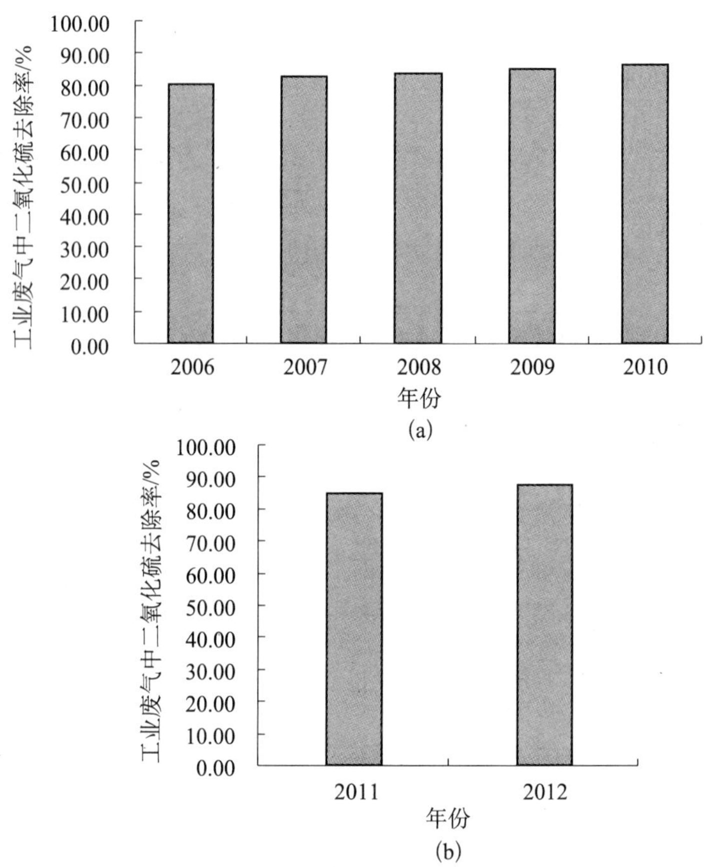

图 6-13　2006—2012 年工业废气中二氧化硫去除率

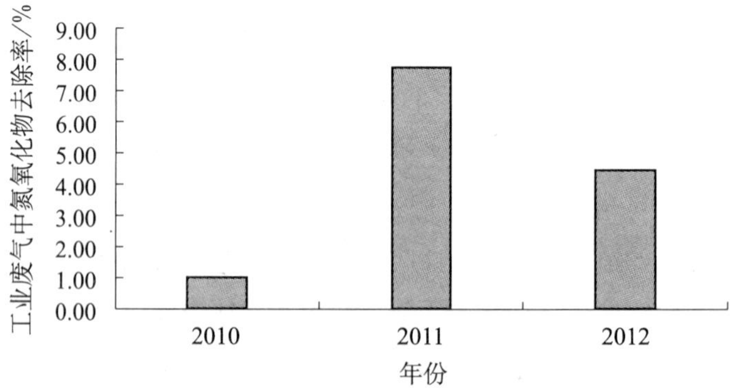

图 6-14　2010—2012 年工业废气中氮氧化物去除率

6.3.2　环境压力指标

2006—2012 年，黄石市运用工程减排、结构减排及管理减排三大手段，积极落实国家减排政策，严格控制主要污染物排放，化学需氧量、氨氮、二氧化硫、氮氧化物四项指标在产生量不断上升的同时排放量却大幅降低。

6.3.2.1 工业废水中化学需氧量排放量

2006—2012 年，黄石市以造纸、印染、水泥、焦化、电力等行业为重点，加大了对高耗能、高污染企业和落后生产工艺的淘汰关闭力度。近 5 年来，全市累计关闭造纸、水泥等各类污染企业高达 200 余家。通过强有力的结构减排，化学需氧量在产生量不断上升的同时排放量却大幅降低（图 6-15）。

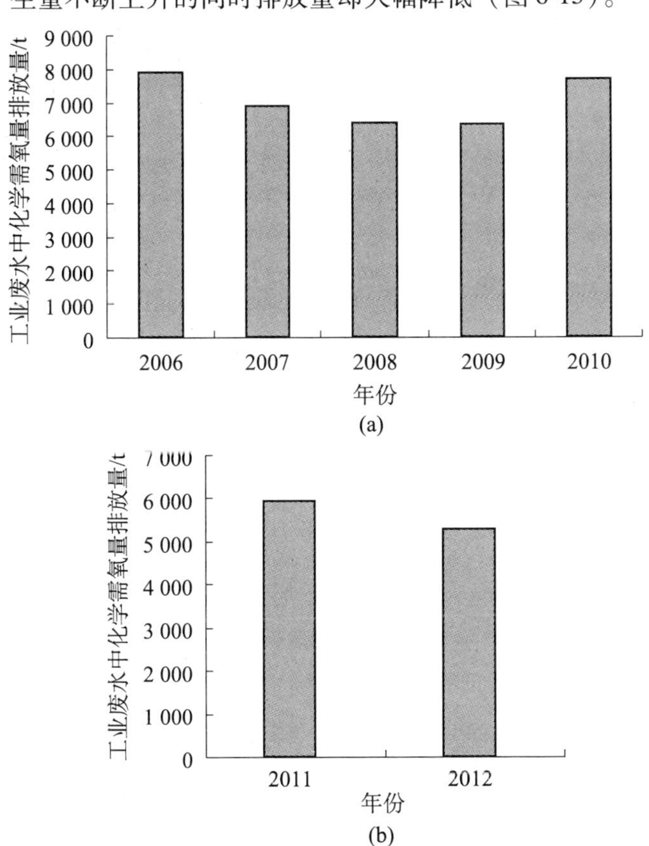

图 6-15　2006—2012 年工业废水中化学需氧量排放量变化

6.3.2.2 工业废水中氨氮排放量

"十一五"期间，黄石市在2007年以后加快产业转型，加快清洁环保产业建设，所以工业氨氮排放量在2007年达到最高峰，以后逐年下降，为"十一五"氨氮排放达标提供了条件。"十二五"前两年，黄石市工业废水中氨氮排放量逐年降低，由2011年的388.52t减少到2012年的341.63t，通过强有力的结构减排，氨氮在产生量不断上升的同时排放量却大幅降低（图6-16）。

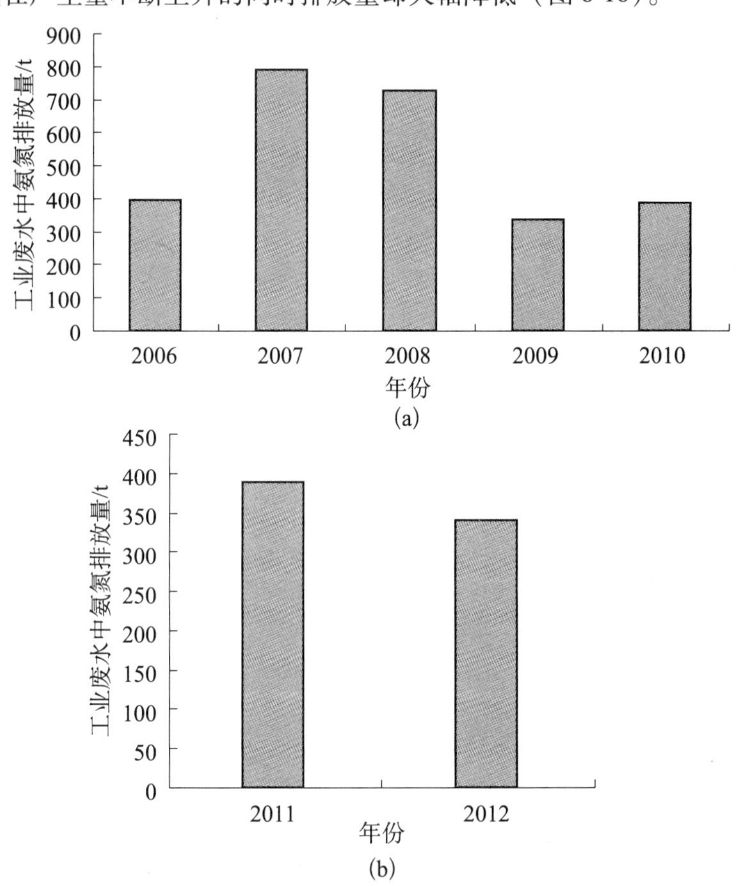

图6-16 2006—2012年工业废水中氨氮排放量变化

6.3.2.3 工业废气中二氧化硫排放量

2006—2012年黄石市明确认识到改变能源结构，控制重污染行业二氧化硫的大量排放是保证二氧化硫达标的关键。为此黄石市政府及各职能部门深化开展节能减排工作，大力推进产业结构和能源结构调整，全面实施节能减排重点工程，严格执行环境影响评价制度和建设项目“三同时”制度，加大推广使用天然气及优质煤的力度，持续发展集中供热，大力推广节能、脱硫及高效除尘等措施，对重点污染企业加大监督管理力度。全市建成区内二氧化硫污染负荷逐年下降，为二氧化硫达标排放提供了保障（图6-17）。

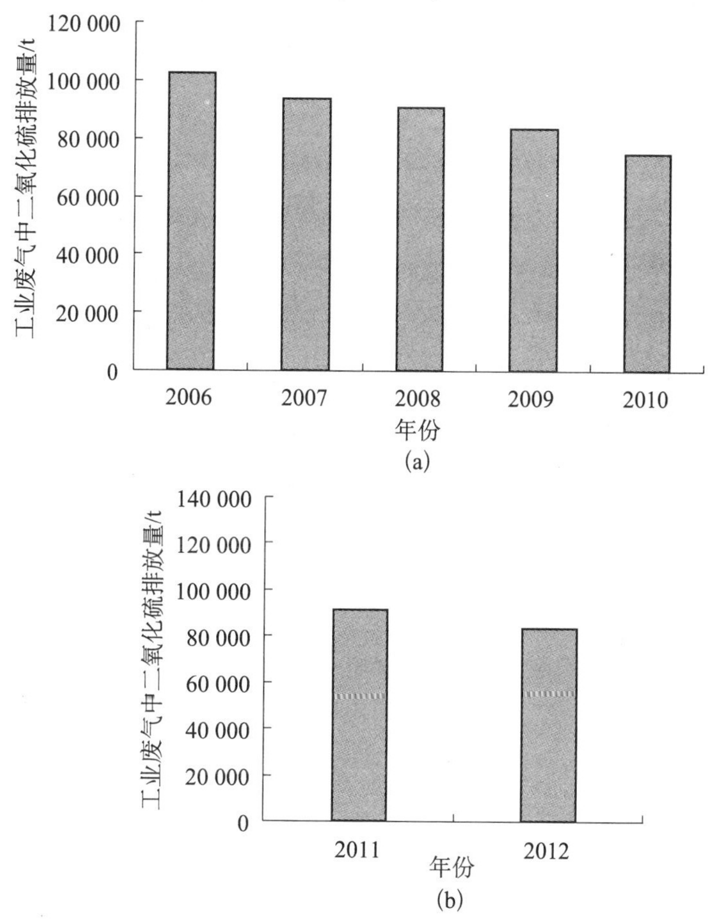

图6-17 2006—2012年工业废气中二氧化硫排放量变化

6.3.2.4 工业废气中氮氧化物排放量

“十二五”前两年黄石市改变能源结构，大力推广清洁能源，工业废气中氮氧化物产生量2012年较2011年有了大幅下降，虽然氮氧化物由于设备原因去除率低但排放量也有很大降低（图 6-18）。

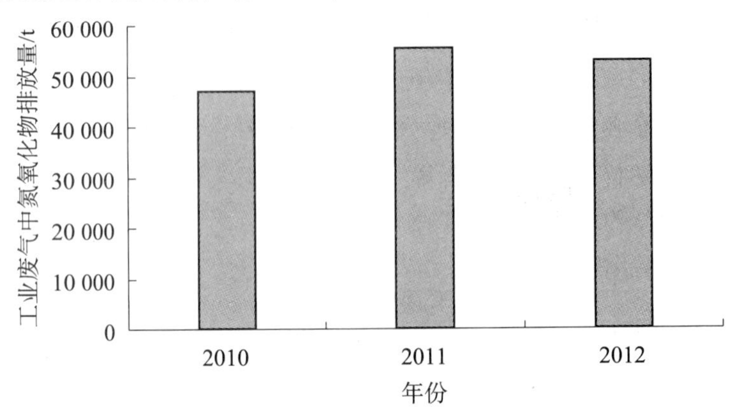

图 6-18　工业废气中氮氧化物排放量变化（2010—2012 年）

6.3.2.5　城镇生活污染物排放中化学需氧量排放量

“十一五”期间，城镇生活污染物排放中化学需氧量排放量在 2008 年达到峰值，随后几年有所下降，“十一五”末期最低。究其原因，“十一五”初期两年城镇污水处理厂建设规模有限，又没有集中处理装置，2006—2007 年增加收水管网建设，提高了污水收集率，因此 2008 年排放量达到峰值，2008 年之后，黄石市加大对城镇污水处理厂的建设投入，新建了一大批城镇污水处理厂和集中处理设施，相对于污水处理量，污水处理能力得到了大量的提升。因此，“十一五”后两年化学需氧量排放量大大降低；“十二五”前两年，黄石市加大对城镇污水处理厂的建设投入，新建了一大批城镇污水处理厂和集中处理设施，相对于污水处理量，污水处理能力得到了大量的提升。因此，“十二五”前两年化学需氧量排放量大大降低（图 6-19）。

6.3.2.6　城镇生活污染物排放中氨氮排放量

2006—2010 年，黄石市经济发展迅速，市民生活水平直线上升，生活污染物产生量增加，但由于污水处理厂的新建，生活污染物中氨氮去除率逐年降低，“十二五”前两年，排放量相对稳定（图 6-20）。

6.3.2.7　城镇生活污染物排放中二氧化硫排放量

2006—2012 年，由于城市建设发展。黄石市基础设施落后，历史欠账多，

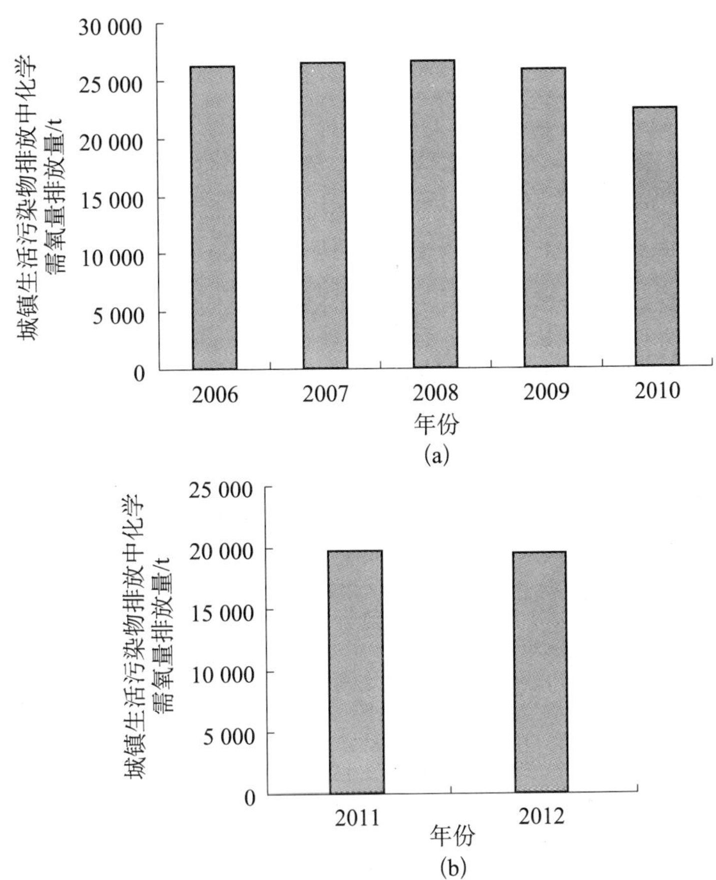

图6-19 2006—2012年城镇生活污染物排放中化学需氧量排放量变化

近几年，市委、市政府为了把黄石建设成山水园林城市，加快了城市基础设施建设步伐，如道路、绿化广场、排污、房地产开发、道路涮黑等，施工过程中产生的建筑粉尘与汽车尾气、扬尘等对城市空气质量也造成了影响。而“十二五”城镇生活污染物中二氧化硫排放量较“十一五”有了明显的下降。“十一五”二氧化硫年均排放量5 595. 6t，2011年为3 825t，2012年为4 176t（图6-21）。

6.3.2.8 城镇生活污染物排放中氮氧化物排放量

“十二五”前两年随着经济的快速转型，黄石市市委、市政府决定加速旧城改造，大手笔促进现代三产，以打造“最宜居、最宜商、最宜游、最具幸福感”的核心城区。随着改造的完成，城镇生活污染物中氮氧化物的排放量也随之增加（图6-22）。

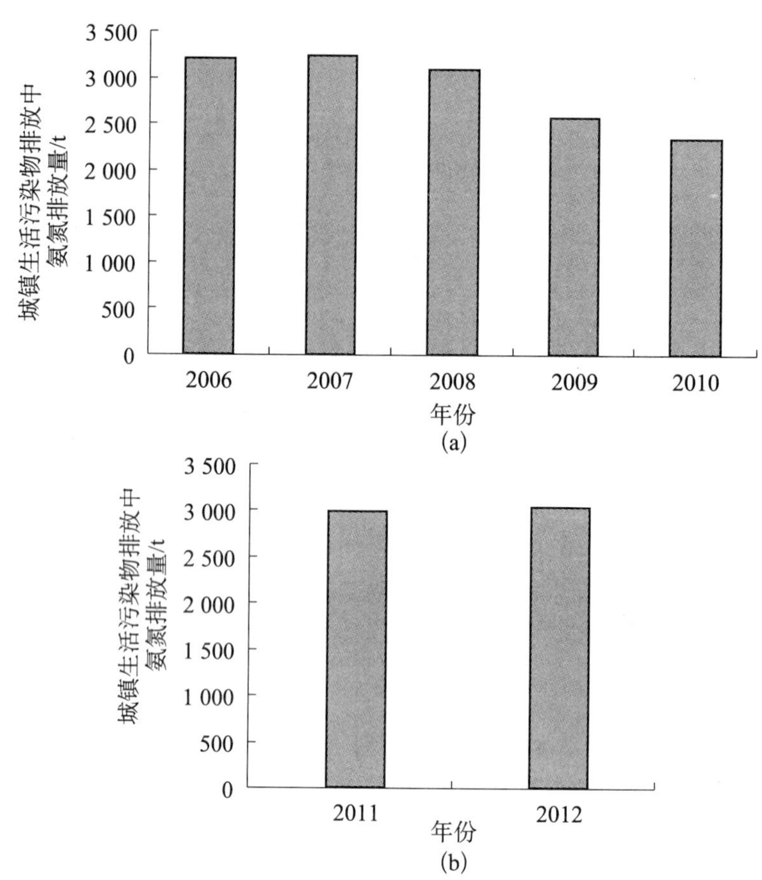

图 6-20　2006—2012 年城镇生活污染物排放中氨氮排放量变化

6.3.2.9　农业污染物中化学需氧量排放量

“十二五”前两年黄石市市委、市政府积极响应环保部减排要求，对全市农业污染物采取集中处理的办法，严格控制农业用水要求，确保农作物不受污染。“十二五”前两年化学需氧量排放量基本持平。2011 年排放量为 9 135.43t，2012 年排放量为 9 165.9t（图 6-23）。

6.3.2.10　农业污染物中氨氮排放量

“十二五”前两年黄石市市委、市政府严格控制农业化肥使用量，黄石市环保局长期对农业用地土壤、水进行检测分析，对农业污染物进行集中回收处理，近两年农业污染物中氨氮排放量也基本持平。2011 年农业污染物中氨氮排放量

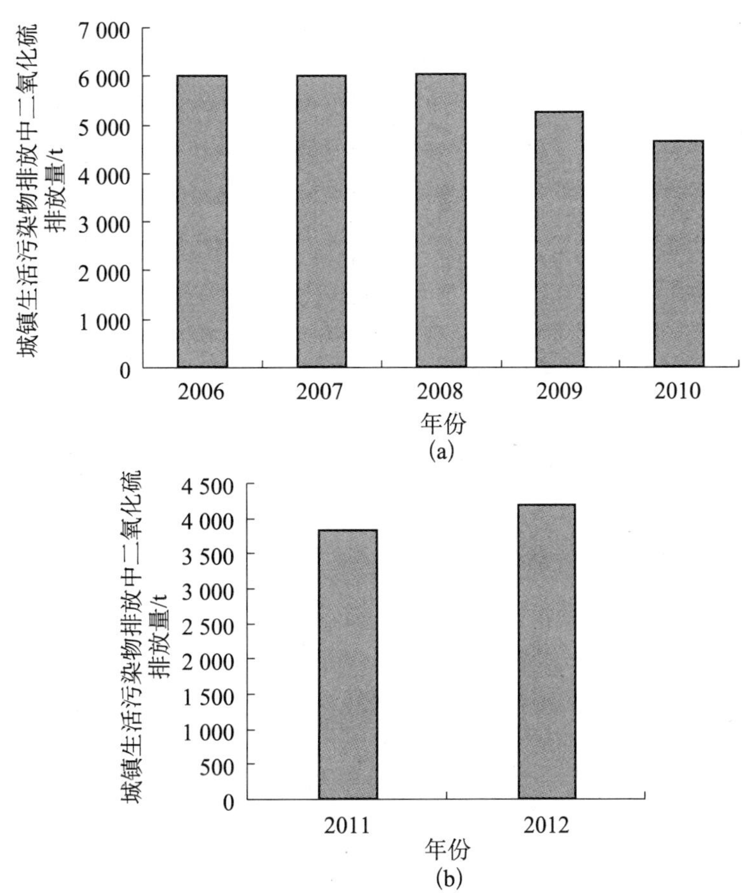

图6-21 2006—2012年城镇生活污染物排放中二氧化硫排放量变化

为900.14t，2012年农业污染物中氨氮排放量为915.46t，变化不大（图6-24）。

6.3.2.11 机动车污染物排放中氮氧化物排放量

“十二五”黄石市机动车保有量大量增加。2011年机动车保有量为276 884辆，汽车保有量为89 368辆；2012年机动车保有量为295 042辆，汽车保有量为103 770辆。所以2012年机动车污染物排放中氮氧化物排放量8 584.94t，比2011年8 245.71t略有增加（图6-25）。

6.3.3 环境质量指标

全市环境质量逐年改善。2010年黄石市环境空气质量达到二级以上的天数

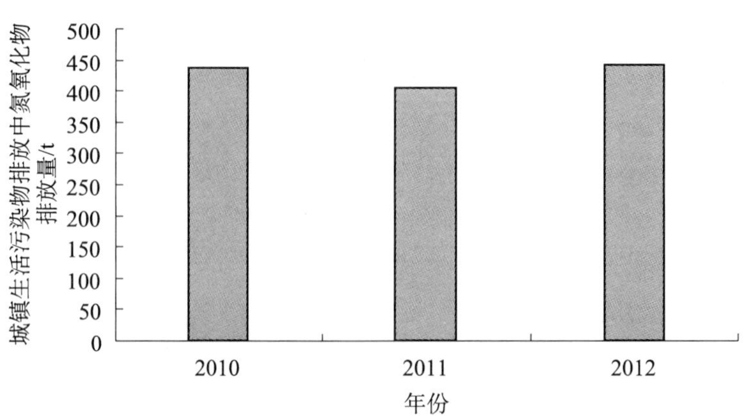

图 6-22　2010—2012 年城镇生活污染物排放中氮氧化物排放量变化

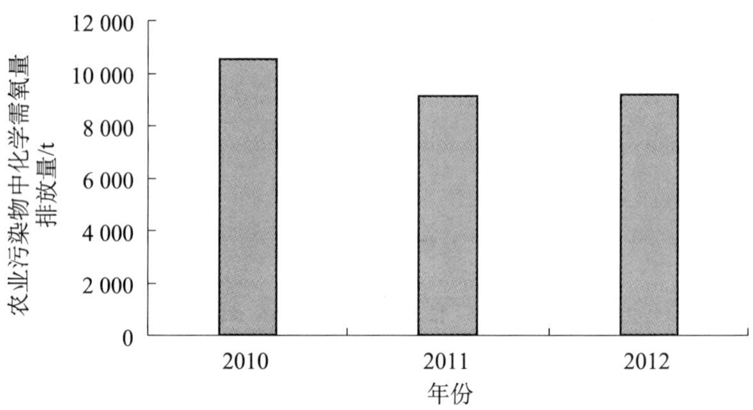

图 6-23　2010—2012 年农业污染物排放中化学需氧量排放量变化

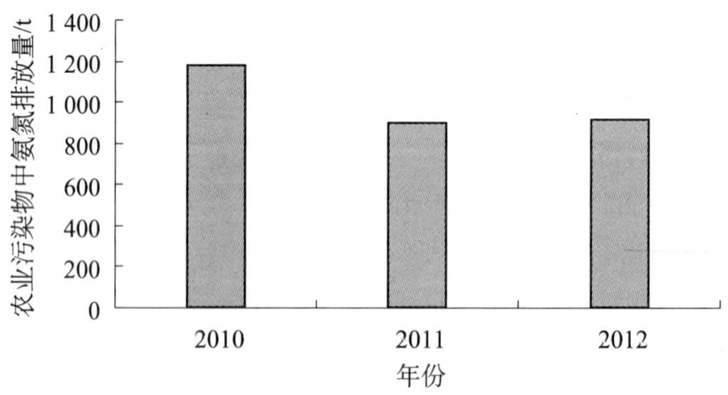

图 6-24　2010—2012 年农业污染物排放中氨氮排放量变化

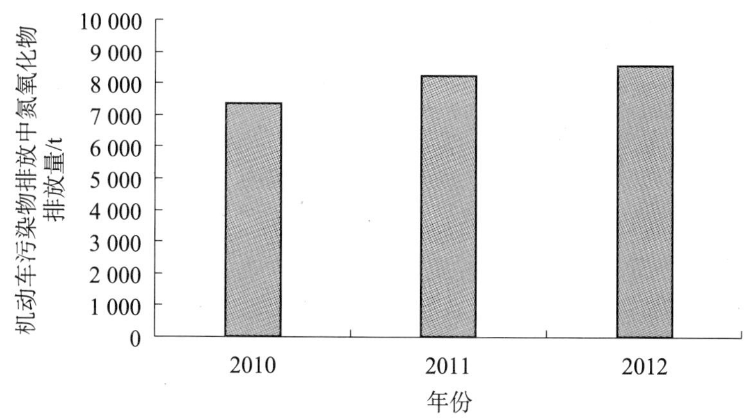

图 6-25　2010—2012 年机动车污染物排放中氮氧化物排放量

为 320 天，2012 年黄石市环境空气质量达到二级以上的天数为 346 天，比 2011 年多 28 天；比“十一五”末期 2010 年多 26 天。

6.3.3.1　PM_{10}年均质量浓度

2006—2012 年 PM_{10}年均值虽然超过国家二级标准（图 6-26），但符合环境空气质量二级标准，空气质量良。环境空气中可吸入颗粒物污染主要是城市基础设施建设施工过程中产生的建筑灰尘、道路交通扬尘、市区开山放炮采石所产生的粉尘以及一些工业如华新水泥、电厂排放的（粉）烟尘等一系列因素造成的。2006—2012 年黄石市政府加强环保投入，加快产业调整，加强环境监管，严格执行“三同时”制度；同时，对于老城区污染严重的工矿产业进行结构性调整，对于污染严重的经营矿山开采企业和小水泥生产企业采取“关、停、并、转”等措施，因而 PM_{10}年均质量浓度逐年下降。

6.3.3.2　二氧化硫年均质量浓度

2006—2012 年黄石市二氧化硫年均值都符合国家二级标准（图 6-27），属良好级别。改变能源结构，控制重污染行业二氧化硫的大量排放是保证二氧化硫达标的关键。为此黄石市政府及各职能部门深化开展节能减排工作，大力推进产业结构和能源结构调整，全面实施节能减排重点工程，严格执行环境影响评价制度和建设项目“三同时”制度，加大推广使用天然气及优质煤的力度，持续发展集中供热，大力推广节能、脱硫及高效除尘等措施，对重点污染企业加大监督管

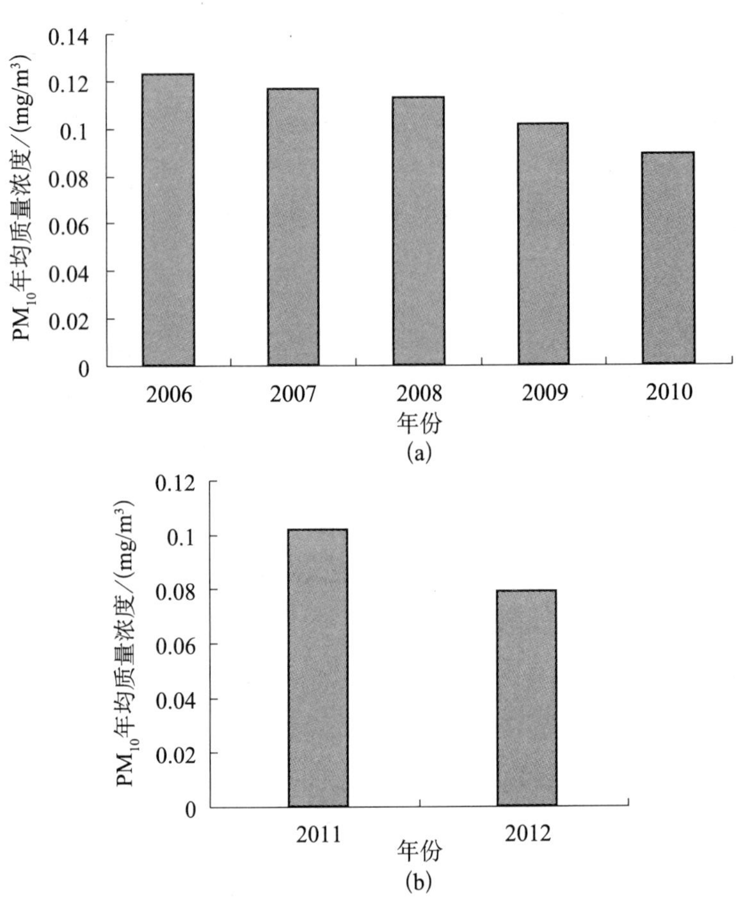

图 6-26　2006—2012 年 PM_{10} 年均质量浓度

理力度，为全市二氧化硫达标排放提供了保障。

6.3.3.3　二氧化氮年均质量浓度

2006—2012 年黄石市二氧化氮年均值都符合国家二级标准（图 6-28），属良好级别。环境空气二氧化氮污染主要是汽车尾气造成的，2012 年二氧化氮均值与 2011 年相比浓度上升了 0.01mg/m³，这主要是近年来国家建立和落实科学发展观，构建和谐社会，大力发展公共交通，实行“无车日”、“无车周”，推广使用天然气，严格控制汽车尾气排放标准等有关。虽然如此，但汽车逐步进入家庭，汽车拥有量快速增长二氧化氮污染势必会增加。

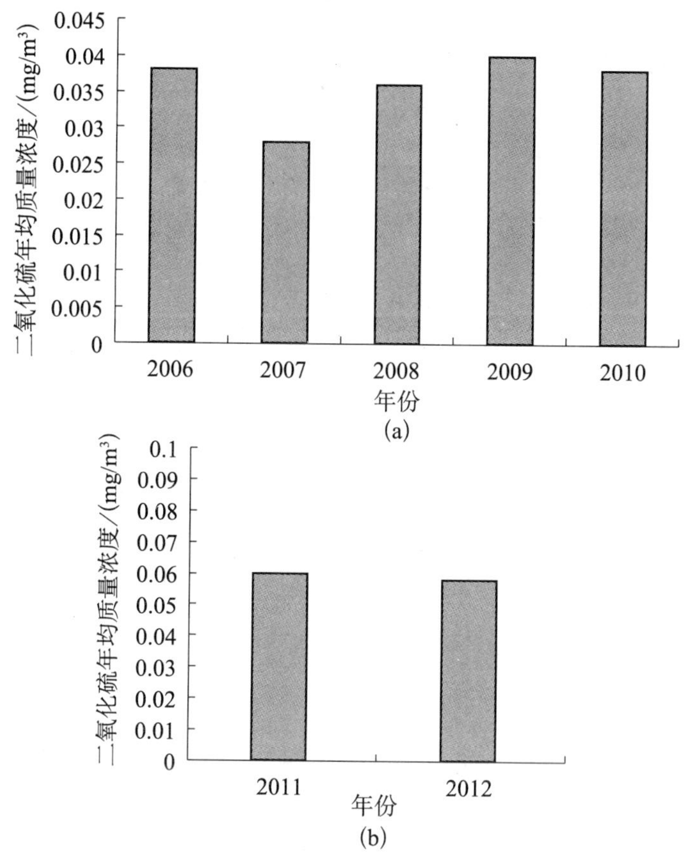

图6-27　2006—2012年二氧化硫年均质量浓度

6.3.3.4　城市空气质量达到二级以上天数的比例

采用大气污染综合指数法以《环境空气质量标准》（GB 3095—1996）及其修改单中的二级标准为评价标准，对2006—2012年黄石市环境空气质量进行评价。结果显示，2006—2012年环境空气质量达到二级以上天数比例逐渐增加（图6-29）。

6.3.3.5　黄石市国控和省控断面达标率

黄石市2006—2012年省控断面水质Ⅲ类或高于Ⅲ类比例为21.5%，只有长江3个省控断面达到了三级标准，而国控断面达标率为100%。

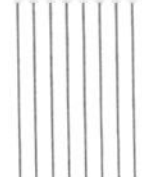

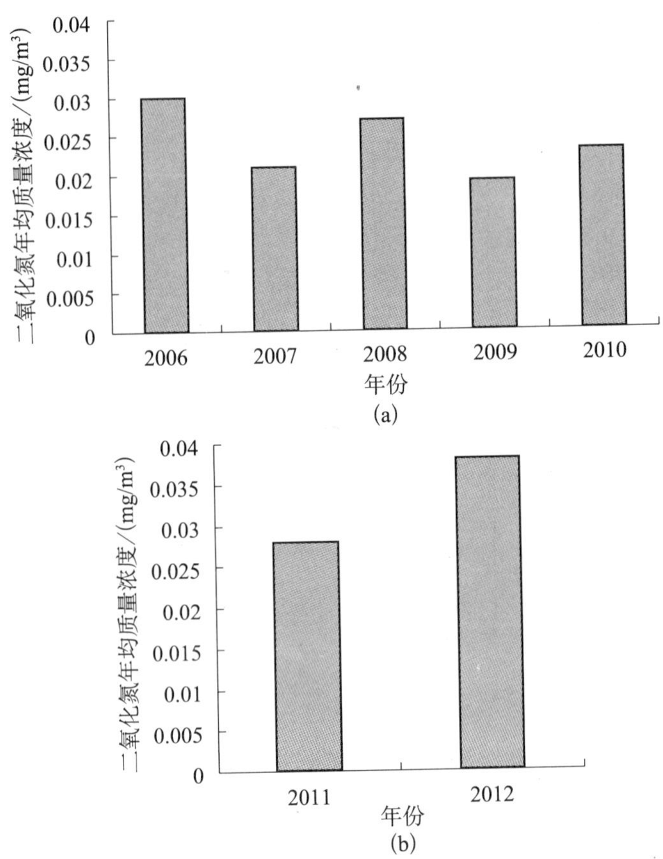

图 6-28　2006—2012 年二氧化氮年均质量浓度

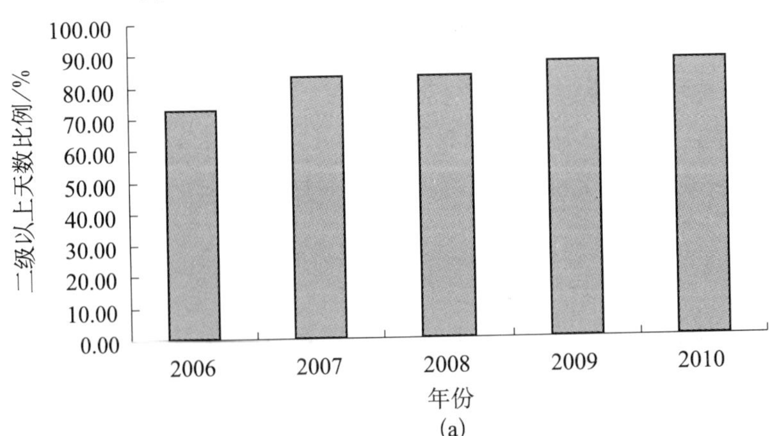

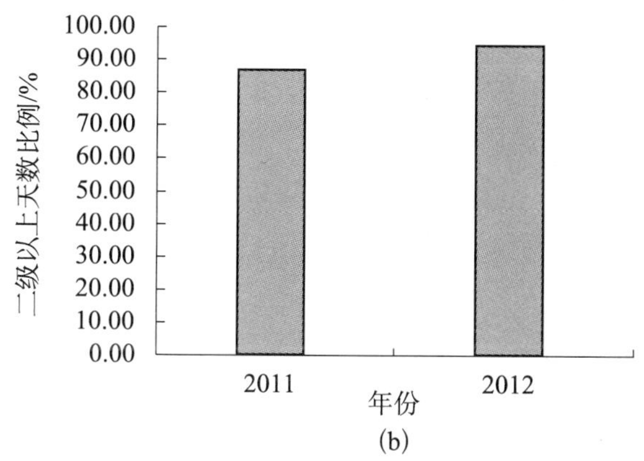

(b)

图 6-29　2006—2012 年环境空气质量达到二级以上天数比例

6.3.3.6　集中式饮用水水源水质达标率

2006—2012 年，黄石市集中式饮用水水源水质达标率为 100%。

6.3.3.7　强制报废车辆数

2006—2012 年，黄石市不光抓经济、抓节能减排，同时对于排放超标的黄标车进行了严格的监管，采取了严格的报废制度。由于汽车尾气排放对于空气质量有严重的污染，因此严格监管黄标车对于空气质量大有益处。“十二五”前两年黄石市强制报废车辆数目在 2012 年达到了最大值，为“十二五”减排绩效达标提供了有利条件（图 6-30）。

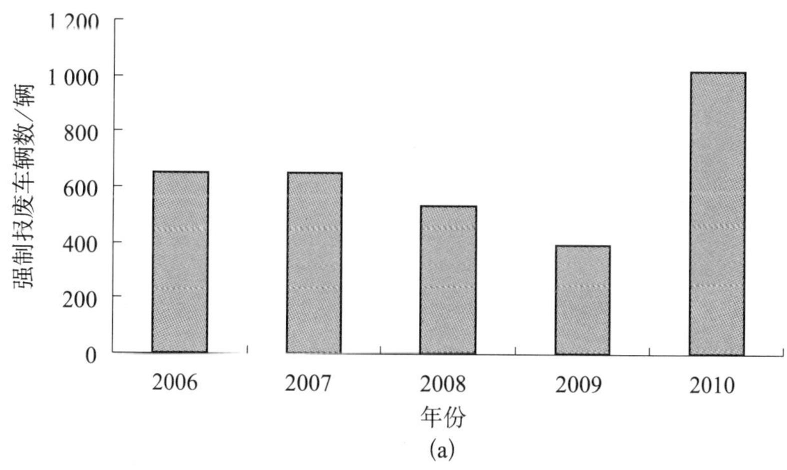

(a)

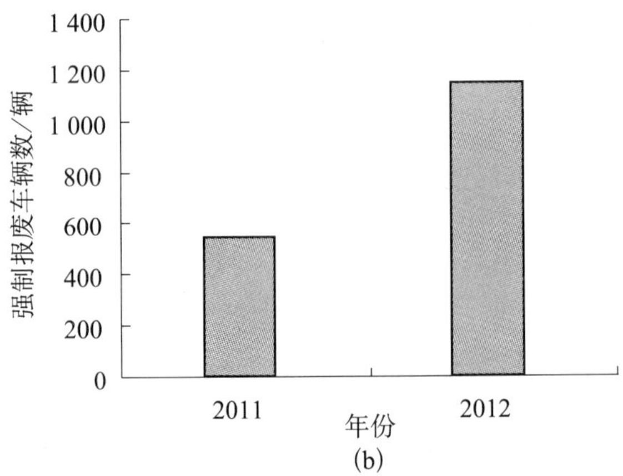

(b)

图 6-30　2006—2012 年黄标车报废数目

第7章

临沂市造纸行业污染减排绩效评估

7.1 临沂市造纸企业污染减排措施分析

2003年3月，山东在全国率先发布了第一个地方行业标准《山东省造纸工业水污染物排放标准》，分3个阶段实施。规定第一阶段（2003年5月1日起执行）草浆造纸外排废水化学需氧量为420mg/L（当时国家标准是450mg/L）；

第二阶段（2007年1月1日起执行）草浆造纸外排废水化学需氧量为300mg/L；

2010年1月1日起实施第三阶段标准，草浆造纸外排废水化学需氧量为120mg/L，比国家标准严3倍多。随着第三阶段标准的实施，临沂市又按照南水北调汇水区域标准要求将造纸企业废水排放标准提高到了100mg/L。

2012年，临沂所有企业外排废水必须执行污水处理厂一级A排放标准，化学需氧量必须达到50mg/L以内才能排放。

不断加严的排放标准要求，使得临沂造纸企业的污水治理技术不断革新，很多企业为此停产或者进行结构调整，单纯的麦草制浆造纸，截至目前，已经没有了。

7.1.1 临沂市造纸企业污染治理技术演变

7.1.1.1 麦草浆造纸企业

在450mg/L的标准下，临沂2004年前麦草浆造纸企业还有近百家，其中6

家有蒸煮工艺，生产白纸，其余都是生产原色瓦楞纸。治理技术主要有以下三类：

一是造纸黑液碱回收，对中段水进行生化加物化处理，来实现达标排放。但是处理成本几乎每吨废水都要超过 1.5 元。

二是瓦楞纸生产企业，对水质要求较低，主要工艺是物化工艺，废水处理后基本做到全部回用，但是处理成本较高，外排废水无法做到稳定达标排放。

三是废纸造纸，主要工艺是气浮絮凝处理，外排废水基本能够做到达标排放。但是在300mg/L 的标准下，采用麦草浆造纸的企业几乎全部超标排放，仅剩 3 家企业继续生存。

在 100mg/L 的标准下，麦草浆造纸企业已经无法做到达标排放，仅剩 1 家企业将原料改为 70% 的木浆加 30% 的麦草浆，这样确保碱回收车间稳定运行，生化处理后再加絮凝沉淀来确保达标排放。即使如此，自制浆已经少于外购浆。

7.1.1.2 废纸造纸企业

废纸造纸企业采取的污水处理技术主要有两种：一种就是大物化法，采用高效过滤沉淀除去大量悬浮物，再用气浮技术来实现达标排放；另一种就是采用“零排放”，分段逐级回用，不外排废水。这种技术最早在江苏推行，后来发现企业偷排超标废水频数较多，被逐渐淘汰。现在基本要求既要采用逐级回用技术，也要建设污水处理设施，来确保回用水水质，杜绝因水质恶化不能回用的企业偷排。

7.1.2 环境管理手段的变迁

在确保企业严格执行排放标准要求方面，临沂的环境管理走过了四个阶段：

（1）突袭加夜查：对企业突然检查和夜间蹲守检查，发现企业偷排立即实施处罚。检查发现的超标率从 2000 年的 70% 下降到现在的不足 5% 。

（2）突袭 + 夜查 + 在线监控：自 2005 年开始全部安装在线监控后，企业的超标现象出现一个突降，但仍有规避在线监控的行为不断发生。

（3）下游水质联动：在上述监管模式下，临沂市提出造纸企业下游水质联动，只要造纸企业下游河流水质超标，在排除外因情况下，即使造纸企业排污口达标，依然认定企业超标排放。这种措施更有力地打击了造纸企业偷排行为。

（4）工况实时监控。为更准确科学地实时监控造纸企业污染治理运行状况，

2012 年开始对重点造纸企业实施工况监控，对造纸企业各个污染治理工段的运行参数，全部实行实时在线监控，而不仅仅是实时监控外排水质。

7.1.3　标准倒逼促使结构调整

临沂的造纸企业，随着标准的提高和监管模式的提升，走过了三个阶段：第一阶段是被政府强制关停。第一次是 2000 年，实施“一控双达标”，对 5000t 以下的麦草制浆全面实施了关停。第二次是 2004 年，对不能达标的 1 万 t 以下麦草浆以及废纸造纸企业全面实施了关停。

第二阶段是企业自觉结构调整，在强有力的环境监管情况下，随着标准加严，企业只能主动进行结构调整。麦草制浆逐渐全面淘汰，废纸造纸和进口废纸造纸开始全面升级，低档次瓦楞纸生产开始减少，企业生产能力大幅增加。

第三阶段是企业开始转变，采取综合措施，在达标排放的情况下提高企业效益。现状制浆造纸企业几乎都要自备电厂，通过造纸品种多样化、原料多样化和废水回用多样化来降低废水处理成本。

7.2　临沂市造纸行业污染减排绩效分析体系构建

7.2.1　临沂市造纸行业分类

临沂市目前的制浆造纸企业大体上可以分为如下 3 种类型：

（1）同时生产纸浆、纸和加工纸、纸制品的制浆造纸综合厂；

（2）以购入废纸生产纸的造纸厂；

（3）购入纸浆或进口纸浆生产加工纸的加工纸厂。

而规模上，临沂市造纸企业普遍不大，加工生活用纸的企业年实际产量都在 1 万 t 以下，其他类在 5 万 ~20 万 t，从对环境的影响而言，临沂市制浆造纸工业生产中主要的产排污环节包括：

（1）原生制浆过程：制浆过程中提取纤维细胞后剩余的木质素、备料，蒸煮和漂白过程溶解的糖类等有机物，植物预处理产生的废渣，生物处理中产生的废渣和污泥，洗涤筛选过程中流失的植物残余物和纤维细胞等；

（2）废纸制浆：废纸回收处理过程中产生的废渣、脱除的油墨中的有机物和合成有机物、溶出的淀粉等糖类、流失的细小纤维细胞等；

（3）造纸过程：备浆和抄纸中筛选、脱水、损纸回用过程中流失的细小纤维、化学助剂等。

造纸行业排放的可生化有机物中约90%的发生量来源于制浆行业，大部分难以生物处理的污染物为COD，也来源于制浆部分。制浆污染物发生量与原料、工艺方法、制浆得率、蒸煮废液提取率有很大关系。

因此，污染减排绩效分析从工艺上确定临沂市造纸行业分为原生制浆造纸联合企业、废纸制浆造纸企业两大类，分别进行污染减排绩效指数计算。

7.2.2 临沂市污染减排绩效指数构建

目前的污染减排主要侧重于COD、氨氮、二氧化硫和氮氧化物四项污染物，考虑造纸行业的主要环境影响，分析减排政策的效果以水为主，兼顾大气污染物影响。通过选取每一个领域与各项减排措施直接或间接相关的指标，构建分析指标框架。在此基础上，通过指标标准化和赋权过程，获得某一企业的污染减排绩效分值，具体计算公式如下：

$$\mathrm{EPI} = \sum_{i=1}^{n} P_i W_i \qquad (7\text{-}1)$$

式中，EPI表示某一企业的污染减排绩效指数分值，i表示所选评价指标的个数，取值范围从1到n；P_i表示第i个指标的分值，W_i表示第i个指标的权重。

污染减排绩效指数是一个介于0～100的分值。根据评价结果，将评价结果分为三等：0～59为差，60～80为合格，80以上为优秀。

7.2.3 分析指标选择

7.2.3.1 基本原则

一是相关性原则。在框架设计上既要体现造纸行业的特征，同时也要体现与污染减排工作的相关性。

二是可对比性原则。污染减排绩效评价既要体现对造纸行业整体绩效的评价，更要体现造纸行业内部不同企业的绩效差异，为减排政策的实施提供参考依据。在具体的指标设计上，既要考虑行业间的可对比性，也要体现行业内部不同企业之间的可对比性；同时，也要考虑在时间尺度上，不同年份之间数据的可对比性。

三是数据可得性原则。随着现代管理科学和实践的发展，环境管理决策越来越依赖于基于大数据的定量化分析的支持，但同时也面对数据可得性的考验。本次绩效分析对无法获取数据或所获取数据无法进行真实性和一致性校验的指标均暂不考虑。

四是可核证原则。为保证评价指标基础数据获取的真实性和一致性，评价指标选择要求基础数据能够进行校验，既要保证数据来源的可靠可核证，同时也要保证不同数据之间具有较好的一致性。

7.2.3.2　指标框架

“十一五”以来，减排政策的最直接目的是降低污染物的排放量，其中主要涉及大气和水两大领域，大气环境领域主要是二氧化硫和氮氧化物，水环境领域主要是化学需氧量和氨氮。从企业层面来看，影响污染物排放量的主要因素包括两个过程，即污染物产生过程和污染物处理或治理过程，目前减排政策的主要作用方向就是上述两个过程。

基于上述分析，分析污染减排绩效主要从上述两个方面入手，即污染物的产生效果主要与企业的生产效率有关，污染物的治理效果主要与企业的污染治理水平或技术有关。因此，在具体指标的选择上，主要从生产效率和治理效率两个角度，结合相关性、可对比性、可核证和可操作等原则来进行筛选，建立的指标框架见表 7-1。

表 7-1　废纸制浆 + 造纸联合企业污染减排绩效分析指标

一级指标		二级指标		三级指标		
名称	权重	名称	权重	名称	单位	权重
造纸行业污染减排绩效指数	100	生产效率	50	单位产品取水量	t	10
				单位产品综合能耗（外购能源）	t 标煤	10
				单位产品 COD 产生量	kg/t	20
				单位产品 SO_2 产生量	kg/t	5
				单位产品 NO_x 产生量	kg/t	5

一级指标		二级指标		三级指标		
名称	权重	名称	权重	名称	单位	权重
造纸行业污染减排绩效指数	100	治理效率	50	水重复利用率	%	10
				单位产品废水产生量	m^3/t	5
				单位产品综合处理成本	元/t	5
				COD 去除率	%	20
				NO_x 去除率	%	5
				二氧化硫去除率	%	5

7.2.3.3 主要指标解释

(1) 碱回收率

碱回收率（特征工艺指标）是指经碱回收系统所回收的碱量（不包括由于芒硝还原所得的碱）占本期制浆过程所用总碱量（包括氯漂工艺之前所有生产过程的耗碱总量，但不包括氯漂工艺之后的生产过程如碱抽提所消耗的碱量）的质量百分比。碱回收率是反映碱法制浆生产工艺过程清洁生产基本水平（包括碱回收系统生产技术及其管理水平）的主要技术指标。

①计算方法 1

$$RA = 100 - \frac{a_0 + b + A - B}{A_{11} + b \pm a_K} \times 100\% \tag{7-2}$$

$$a_0 = a(1 - W)\phi P \times 0.437 \tag{7-3}$$

$$A_{11} = AN \times KN \tag{7-4}$$

$$KN = \frac{(1 - S)(1 - R_K)}{R_K} \tag{7-5}$$

式中：RA——碱回收率，%；

a_0——补充芒硝的产碱量，kg；

a——芒硝补充量，kg；

W——芒硝水分含量，%；

ϕ——芒硝的纯度，%；

P——芒硝的还原率，%；

0.437——由芒硝转化为氧化钠的系数；

b——氯漂工艺之前所有制浆过程补充的外来新鲜碱，kg；

A——统计开始时系统结存碱量，kg；

B——统计结束时系统结存碱量，kg；

A_{11}——回收碱量，kg；

AN——回收活性碱量，kg；

KN——转换系数；

S——硫化度,%；

R_K　　苛化度,%；

a_K——白液结存碱量，kg。

②计算方法 2

$$RA = \frac{A_{11} - a_0}{A_t} \times 100\% \tag{7-6}$$

式中：RA——碱回收率,%；

A_{11}——本期回收碱量，kg；

a_0——本期补充芒硝的产碱量，kg；

A_t——本期制浆（氯漂工艺之前）生产过程的总用碱量，kg。

（2）白泥综合利用率（η）

计算如下：

$$\eta = \left(1 - \frac{S_d}{S_t}\right) \times 100\% \tag{7-7}$$

式中：η——白泥综合利用率,%；

S_d——本期绝干白泥排放量，kg；

S_t——本期绝干白泥总产生量，kg。

（3）单位产品综合能耗

单位产品综合能耗 = 此产品综合能耗/此产品产量

综合能耗是制浆造纸企业在计划统计期内，对实际消耗的各种能源实物量按规定的计算方法和单位分别折算为一次能源后的总和。综合能耗主要包括一次能源（如煤、石油、天然气等）、二次能源（如蒸汽、电力等）和直接用于生产的能耗工质（如冷却水、压缩空气等），但不包括用于动力消耗（如发电、锅炉等）的能耗工质。具体综合能耗按照《制浆造纸企业综合能耗计算细则》（QB1022—91）计算。

(4) 污染物产生指标

污染物产生指标是指废水进入污水处理设施之前的数值，各个工段污染物排放量只计算一次，不重复计算。

(5) 水重复利用率

水重复利用率为水重复利用量占用水量的百分比。重复利用量为循环用水量和串联用水量之和，其中循环用水量指在确定的系统内，生产过程中已用过的水，无需处理或经过处理再用于系统代替取水量利用。串联用水量是指在确定的系统内，生产过程中的排水，无需处理或经处理后被另一个系统利用的水量，如造纸车间白水用于制浆车间或备料车间代替取量利用。

7.2.4 指标标准化

采用目标值标准化法，通过将指标值与目标值进行比较将指标值转换成［0，100］的标准化值。

对指标值越高（大）说明污染减排绩效越好的指标，其计算公式为

$$P_i = P_{xi}/P_{max} \tag{7-8}$$

对指标值越低（小）说明污染减排绩效越好的指标，其计算公式为

$$P_i = P_{min}/P_{xi} \tag{7-9}$$

式中：P_i——i 指标的标准化分值；

P_{xi}——指标值；

P_{max}——同类企业中该指标的最大值；

P_{min}——同类企业中该指标的最小值；

标准化分值统一为保留整数。

7.2.5 确定指标权重

权重反映了下一级指标相对于上级指标的重要程度。为简化起见采用等权重方法，即认为下级指标对上级指标的影响是相同的。同时，考虑不同措施对减排目标的影响，在遵守等权重原则前提下，对部分指标的权重进行了调整，具体见表 7-1。

鉴于临沂市目前仅有 1 家有黑液碱回收的企业，其碱回收率已经达到 90%，

白泥全部综合利用，故不做单独分析。

其余造纸企业分废纸（制浆）造纸和纸加工（含卫生纸生产）两大类别分别评估。

单位取水量和综合能耗权重从 8 分提高到 10 分。

由于造纸行业主要是水污染，故将 COD 排放权重从 10 分提高到 20 分。

临沂造纸企业大部分都是自己用锅炉供热，最大的 75t（循环流化床锅炉带机组），全部采用双碱法脱硫，脱硫效率认可都是 80%，标准要求一致，氮氧化物目前没有要求脱硝，所以降低其评估权重。

选取吨纸处理成本，废水处理成本是造纸行业确保废水排放达标的关键，也是污染减排成效的具体体现。企业只能降低处理成本，才能确保污水处理高效运转，而粉煤灰基本上都是综合利用，没有较大区别。

7.3 污染减排绩效评估结果

临沂市造纸行业污染减排绩效评估结果见表 7-2。

7.3.1 废纸制浆类造纸企业

（1）从结果（表 7-3）看出，绩效最高的三家企业都是近年来新建设的以废纸生产高强度瓦楞纸的企业，由于生产线都是新建设，全部采用沸水逐级循环，提高回用率，剩余废水采用生化加物化处理达到一级 A 排放标准后继续回用，仅有少量废水外排。企业供热都是采用 20t 的链条炉，配套脱硫除尘。从近年来环境管理情况来看，均没有超标排污违法行为。

（2）评估最后三名中，B012 公司是唯一一家采用木片造纸的原生浆生产白纸的企业，近年来在污水治理方面投入较大，但是依然不能稳定达到排放标准要求，而且中水不能全部回用，外排废水量是全市造纸企业中最大的，评价结果符合环境管理的实际情况。倒数第二名的公司是进口废纸造纸企业，目前正在调整产品结构，逐步将废纸生产石膏板护面纸生产线关停，改为进口高档木浆，生产高品质装饰用纸。但现状由于废水排放量较大，污染减排尚未得到国家认可，

表 7-2 临沂市造纸行业污染减排绩效评估结果

县区	单位编码	取水量	综合能耗	COD 产生量	SO_2 产生量	NO_x 产生量	水重复利用率	废水产生量	处理成本	COD 去除率	NO_x 去除率	SO_2 去除率	绩效值
		权重											
		10	10	20	5	5	10	5	5	20	5	5	
罗庄区	A001	3.02	2.11	20.01	0.73	0.73	7.37	1.23	2.84	18.51	0.00	5.00	61.56
罗庄区	A002	3.06	3.43	12.12	0.59	0.59	8.95	1.25	2.21	19.14	0.00	5.00	56.33
河东区	A003	5.35	1.83	3.31	0.47	0.47	9.47	2.50	3.21	18.76	0.00	5.00	50.39
郯城县	A004	8.34	9.13	15.18	2.64	4.55	10.00	3.78	1.39	19.59	0.00	5.00	79.60
郯城县	A005	1.81	3.89	10.08	3.69	3.69	8.42	0.77	1.36	15.93	0.00	5.00	54.64
沂水县	A006	9.14	6.92	9.20	3.06	3.06	7.37	3.91	2.38	20.00	0.00	5.00	70.05
费县	A007	5.76	5.13	1.94	2.83	2.84	7.37	2.94	1.09	19.88	0.00	5.00	54.76
莒南县	A008	10.03	7.36	8.33	3.81	3.81	9.47	4.54	1.79	19.77	0.00	5.00	73.92
莒南县	A009	6.55	10.10	8.73	2.81	2.81	10.00	2.67	2.82	19.00	0.00	5.00	70.49
临沭县	A010	8.25	9.55	7.74	3.88	3.88	10.00	5.00	5.00	19.74	0.00	5.00	78.04
兰山区	A011	6.95	2.85	6.45	1.89	1.89	8.95	3.54	1.85	17.81	0.00	5.00	57.18
河东区	A012	8.69	2.85	7.37	1.89	1.89	8.95	3.15	1.85	17.45	0.00	5.00	59.08

县区	单位编码	取水量	综合能耗	COD产生量	SO_2产生量	NO_x产生量	水重复利用率	废水产生量	处理成本	COD去除率	NO_x去除率	SO_2去除率	绩效值
		权重											
		10	10	20	5	5	10	5	5	20	5	5	
河东区	A013	6. 04	1. 90	7. 37	1. 89	1. 89	8. 95	2. 83	1. 85	17. 45	0. 00	5. 00	55. 17
苍山县	A014	1. 66	0. 41	13. 66	5. 00	5. 00	10. 00	0. 71	1. 39	19. 00	0. 00	5. 00	61. 83
平邑县	A015	2. 58	1. 58	1. 42	0. 88	0. 89	5. 26	0. 13	3. 00	15. 91	0. 00	5. 00	36. 66
平邑县	A016	10. 00	8. 95	6. 72	5. 01	5. 04	5. 26	3. 73	4. 25	18. 98	0. 00	5. 00	72. 94
平邑县	A017	6. 62	3. 31	19. 86	1. 85	1. 86	5. 26	0. 33	5. 03	14. 25	0. 00	5. 00	63. 38
平邑县	A018	0. 86	0. 37	1. 10	0. 20	0. 21	5. 26	0. 04	2. 09	17. 26	0. 00	5. 00	32. 39
平邑县	A019	0. 12	0. 05	0. 24	1. 43	1. 44	5. 26	0. 08	0. 15	19. 36	0. 00	5. 00	33. 15
兰山区	A020	0. 06	2. 50	0. 94	1. 35	1. 35	10. 00	0. 00	0. 07	11. 58	0. 00	5. 00	32. 85

注：权重均指单位产品，除绩效值量纲为外，其余单位参考表 7-1。

污染减排绩效评估结果较差。污染减排绩效评估结果最差的是临沂汇杰造纸，该企业由于生产经营问题，一直不能稳定生产，污染治理设施不能稳定运行，能耗和废水排放量相对较高，在环境监管中也是重点监控对象，一度被停产治理，评价结果较符合实际情况。

表 7-3 废纸制浆类造纸企业污染减排绩效评估结果

单位编码	评估结果
B001	79.60
B002	78.04
B003	73.92
B004	70.49
B005	70.05
B006	61.83
B007	61.56
B008	59.08
B009	57.18
B010	56.33
B011	55.17
B012	54.76
B013	54.64
B014	50.39

7.3.2 纸加工企业评估结果

由表 7-4 可知，纸加工企业污染减排绩效评估得分最高的是 C002，该公司是铜版纸专业生产厂家，企业用水量和耗煤很少，属高档用纸加工行业，环境管理符合 ISO 14001 标准认证。

纸加工企业污染减排绩效评估得分最低的是 C004，该公司是用瓦楞纸生产纸箱的企业，纸品档次较低，污水简单处理后排入污水处理厂集中处理，与日常环境管理情况基本相符。

表 7-4 纸加工企业污染减排绩效评估结果

单位编码	评估结果
C001	36.66
C002	72.94

单位编码	评估结果
C003	63.38
C004	32.39
C005	33.15
C006	32.85

7.3.3 绩效评估结果总体评价

从评估结果（表 7-2）来看，造纸企业污染减排绩效最好的依然是企业管理水平较高的企业，也是效益相对较好的。

企业污染减排的动力主要还是来自环境管理的压力，临沂市地处淮河流域重要支流和南水北调重要汇水区域，企业不治污，就要关停。只能从管理和降低成本方面下工夫，才能确保达标排放和企业生产正常运行。

综合分析绩效成绩较低的企业，主要是管理方面存在差距，这些企业普遍都是企业效益不好、生产不正常或者正处于产品升级的转型阶段，节水措施控制不力，浪费严重，节能措施不到位，煤耗较高等。

7.4 结论和政策建议

7.4.1 造纸行业污染减排绩效总结

临沂的造纸行业污染减排，是严格按照山东省造纸行业逐步加严排放标准的步伐进行，主要的成效集中在以下几个方面：

（1）通过加严排放标准，传统的麦草造纸已经被全面淘汰，因为传统麦草造纸无法在保障经济效益的情况下还能做到达标排放，哪怕是第一阶段的排放标准。

（2）通过加严排放标准，大幅降低了单位产品的用水量和废水排放量。随着治理技术的提高，造纸废水达标的稳定性越来越好，水质的提高同步带来了中水回用率的大幅上升。

（3）排放标准的提升和环境监管力度的加大，也促使造纸企业污染治理技术的不断升华，大部分造纸企业都采用了复合的废水治理技术，大幅降低了单位产品的污染治理成本，确保了企业经济效益和环境效益的“双赢”。

（4）随着最严格的排放标准的实施，废水排放量较大的造纸企业排污口下游全部建设了人工湿地，造纸废水通过人工湿地生态修复后进入河道，基本上就能达到地表水Ⅵ类水质标准，造纸行业污染至此得到根本治理。

（5）目前，山东省的造纸企业原有的污染排放行业优势与其他行业相比已经没有任何区别，山东省在工业废水治理方面已经明确地提出了取消行业差别。

7.4.2 目前造纸行业污染治理带来的其他影响

（1）造纸行业结构转型，带来的最大负面影响就是秸秆焚烧。麦草制浆全面淘汰后，大量的秸秆无人收集，农民基本上都是在麦收后就地焚烧，因此带来了严重的污染。地方政府对此采取了一系列的禁止措施，但是越来越严重，无法从根本上解决。目前，有地方开始推广秸秆压制成生物颗粒，但是因成本问题和安全问题的困扰，尚不能妥善解决。

（2）为了解决秸秆焚烧问题，临沂市也建设了两处秸秆焚烧发电厂，但是目前都是燃用木材废料焚烧发电，秸秆因为收集和成本问题还是不能用于焚烧发电。

（3）临沂市自2010年开始尝试采用生化方式处理秸秆，分离后纤维做造纸，有机质酿酒或者生产有机肥，但是产生的废水治理成本非常高，而且异味等污染不能解决，单纯的麦草加工仍然不能在解决环境问题前提下带来经济效益。

参考文献

曹东，宋存义，曹颖，等．国外开展环境绩效评估的情况及对我国的启示．价值工程，2008（10）：7-12.

曹国志，王金南，曹东，等．关于政府环境绩效管理的思考．中国人口·资源与环境，2010，20（5）：215-218.

曹颖，曹东．战略实施中的中国环境绩效评估．生态经济，2010（2）：166-168.

陈汎．企业环境绩效评价：在中国的研究与实践［J］．海峡科学，2008（7）：30-34.

陈静，林逢春，杨凯．基于生态效益理念的企业环境绩效动态评估模型．中国环境科学，2007（5）：717-720.

陈思维，王晨雁．《从环境视角进行审计活动的指南》的启示［J］．审计与经济研究，2003（4）：28-31.

陈希晖，邢祥娟．论环境绩效审计［J］．生态经济，2004（12）：87-90.

陈正兴．环境审计［M］．北京：中国审计出版社，2001.

冯英浚，王大伟，丁文桓，等．绩效管理与管理有效性．中国软科学，2003（4）：132-136.

高雨玲．基于环境绩效评估的绿色物流诊断和分析［J］．物流技术，2013（15）：78-80.

胡嵩．环境绩效评价概述及探讨．北方经贸，2006（1）：45-46.

黄爱宝．政府环境绩效评估的阐释与再思．江苏社会科学，2010（3）：244-249.

贾妍妍．环境绩效评价指标体系初探．重庆工学院学报，2004（2）：74-76.

李苏，邱国玉．环境绩效的数据包络分析方法——基于我国钢铁行业的分析研究［J］．生态经济，2013（2）：113-118.

李学柔，秦荣生．国际审计［M］．北京：中国时代经济出版社，2002.

刘丽敏，杨淑娥，袁振兴．国际环境绩效评价标准综述．统计与决策，2007（16）：150-153.

刘晓洁，沈镭．资源节约型社会综合评价指标体系研究．自然资源学报，2006（03）：382-391.

孟凡利．环境会计的概念与本质［J］．会计研究，1997（12）：46-47.

牛成喆，李秀芬．绩效管理的文献综述．甘肃科技纵横，2005（5）：103-88.

彭婷，姜佩华．层次分析法在环境绩效评估中的应用．能源与环境，2007（1）：13-14.

乔引华，乔鹏芳，薛红梅．企业环境绩效评价指标体系的构建．财会月刊：理论版，2006（11）：19-20.

孙焱，孙武．浅议环境绩效审计的发展［J］．财会审计，2010（10）：165-167.

王如燕，高云兴．北京市“三废”治理的环境绩效审计评价模型及应用［J］．财会通讯（学术版），2008（8）：126-128.

王淑红，龙立荣．绩效管理综述．中外管理导报，2002（9）：40-44.

吴立群，王恩山．环境绩效审计有关问题初探．济南职业学院学报，2005（5）：47-50.

吴立群，王恩山．环境绩效审计有关问题初探［J］．济南职业学院学报，2005（5）：51-54.

谢东明．基于生态效益理念的我国企业环境绩效管理研究．财政研究，2012（11）：28-31.

谢芳，李慧明．企业环境绩效评价标准的演进与整合．经济管理，2006（7）：17-20.

徐双敏．我国实行政府绩效管理的可行性研究．中南财经政法大学学报，2003（5）：142-143.

杨东宁，周长辉．企业环境绩效与经济绩效的动态关系模型．中国工业经济，2004（4）：43-50.

杨娜．企业环境绩效评价国内外研究综述．生产力研究，2012（10）：250-253.

余墅幸，蒋雯，王莉红．区域环境绩效评估思考．环境保护，2011（10）：39-40.

张双．绩效管理理论溯源．商场现代化，2007（1）：184-185.

张文华，钱凤．我国环境审计初探［J］．中国青年政治学院学报，2002（3）：93-96.

张志强，程国栋，徐中民．可持续发展评估指标、方法及应用研究．冰川冻土，2002（4）：344-360.

钟朝宏．中外企业环境绩效评价规范的比较研究．中国人口·资源与环境，2008（4）：216-220.

仲理峰，时勘．绩效管理的几个基本问题．南开管理评论，2002（3）：15-19.

朱纪红，陈保安．中小企业环境绩效管理问题探讨．时代金融，2012（27）：301-302.

Aghajani, H., Aliabadi, A. N., Nazoktabar, H.. Environmental Performance Evaluation Based on Fuzzy Logic. Singapore: IACSIT Press, 2011.

Azadeh, A., Fam, I. M., Khoshnoud, M., et al. Design and Implementation of a Fuzzy Expert System for Performance Assessment of an Integrated Health, Safety, Environment (HSE) and Ergonomics System: The case of a Gas Refinery. Information Sciences, 2008, 178 (22): 4280-4300.

Chen, H. S., Hsieh, T., An Environmental Performance Assessment of the Hotel Industry Using an Ecological Footprint. Journal of Hospitality Management and Tourism, 2011, 2 (1): 1-11.

Corbett, C. J., Pan, J. N.. Evaluating Environmental Performance Using Statistical Process Control Techniques. European Journal of Operational Research, 2002, 139 (1): 68-83.

Darnall, N., Sides, S.. Assessing the Performance of Voluntary Environmental Programs: Does Certification Matter? Policy Studies Journal, 2008, 36 (1): 95-117.

Gillani, S., Belaud, J. P., Sablayrolles, C., et al.. A CAPE Based Life Cycle Assessment for Evaluating the Environmental Performance of Non-food Agro-processes. Chemical Engineering Transactions, 2013 (32): 211-216.

Gray, R. H.. Accounting for Environment. London: Paul Chaman Publishing Ltd., 1993.

Jia, X. P., Han, F. Y., Tan, X. S.. Integrated Environmental Performance Assessment of Chemical Processes. Computers & Chemical Engineering, 2004, 29 (1): 243-247.

Jiang, Z., Zhang, H., Yan, W., et al.. Integrated Environmental Performance Assessment of Basic Oxygen Furnace Steelmaking. Polish Journal of Environmental Study, 2012, 21 (5): 1237-1242.

Kolk, A., Mauser, A.. The Evolution of Environmental Management: from Stage Models to Performance Evaluation. Business Strategy and the Environment, 2002, 11 (1): 14-31.

Kortelainen, M.. Dynamic Environmental Performance Analysis: A Malmquist Index Approach. Ecological Economics, 2008, 64 (4): 701-715.

Melnyk, S. A., Sroufe, R. P., Calantone, R.. Assessing the Impact of Environmental Management Systems on Corporate and Environmental Performance. Journal of Operations Management, 2003, 21 (3): 329-351.

Molnar, P., Dolinsky, M.. Environmental Performance Assessment Model as a Sustainability Desicion Tool for Small and Middle Size Enterprises. World Academy of Science, Engineering and Technology, 2012 (67): 952-959.

Paul, D.. Building Environmental Performance Assessment: Methods and Tools. Environment Design Guide, 2011 (70): 1-8.

Schaltegger, S., Synnestvedt, T.. The Link between "Green" and Economic Success: Environmental Management as the Crucial Trigger between Environmental and Economic Performance. Journal of Environmental Management, 2002, 65 (4): 339-346.

Sellitto, M. A., Borchardt, M., Pereira, G. M., et al.. Environmental Performance Assessment of a Provider of Logistical Services in an Industrial Supply Chain. Theor Found Chem Eng, 2012, 46 (6): 691-703.

Tam, V. W., Le, K. N.. Assessing Environmental Performance in the Construction Industry. Surveying and Built Environment, 2007, 18 (2): 59-72.

Tse, R. Y. C.. The Implementation of EMS in Construction Firms: Case Study in Hong Kong. Journal of Environmental Assessment Policy and Management, 2001, 3 (2): 177-194.

Tyteca, D., Carlens, J., Berkhout, F., et al.. Corporate Environmental Performance Evaluation: Evidence from the MEPI project. Business Strategy and the Environment, 2002, 11 (1): 1-13.

Yigitcanlar, T., Dur, F.. Developing a Sustainability Assessment Model: The Sustainable Infrastructure, Land-Use, Environment and Transport Model. Sustainability, 2010, 2 (1): 321-340.